普通高等学校"十三五"规划教材

大学计算机基础与应用实验教程

主编 刘军 颜源 钟毅

副主编 梁伟杰 段红娟 陈莹

北京大学出版社

PEKING UNIVERSITY PRESS

内 容 简 介

　　本书是《大学计算机基础与应用》的配套教材,用于指导实验教学,也是学生课后练习的参考教材。本教材以培养学生计算机的应用能力为宗旨,精心编排了实验内容和详细步骤,力求突出技能练习与能力培养。本教程包含 9 个项目:项目 1,指法练习和文字录入;项目 2, Windows 7 基本操作;项目 3, Microsoft Word 2010 基本操作;项目 4, Microsoft Word 2010 综合训练;项目 5, Microsoft Excel 2010 基本操作;项目 6, Microsoft Excel 2010 综合训练;项目 7, Microsoft PowerPoint 2010 基本操作;项目 8, Microsoft PowerPoint 2010 综合训练;项目 9,计算机网络实验。此外,本书还包含了《大学计算机基础与应用》每章的习题、全国计算机等级考试一级 MS Office 考试大纲(2018 年版)、几套全国计算机等级考试一级 MS Office 考试的仿真试题及其参考答案等。

本书配套云资源使用说明

本书配有微信平台上的云资源,请激活云资源后开始学习。

一、资源说明

本书云资源内容为教材的拓展内容和例题源文件。通过扫描二维码可下载实验及仿真试题需要用到的源文件,方便学生学习,提高效率。

二、使用方法

1. 打开微信的"扫一扫"功能,扫描关注公众号(公众号二维码见封底)。

2. 点击公众号页面内的"激活课程"。

3. 刮开激活码涂层,扫描激活云资源(激活码见封底)。

4. 激活成功后,扫描书中的二维码,即可直接访问对应的云资源。

注:1. 每本书的激活码都是唯一的,不能重复激活使用。

2. 非正版图书无法使用本书配套云资源。

前　　言

本书是《大学计算机基础与应用》的配套教程，为了更好地配合教学，使学生更熟练地掌握计算机基础知识及办公软件的应用，更好地指导学生上机操作，提高学习效率和实际动手能力，我们组织多位有多年实践教学经验的教师编写了本书。

本书采用新颖的项目驱动模式教学方法，注重实践操作，每一个项目都经过精心设置与布局，力求使其蕴含该章节主要知识点；任务目标明确，思路清晰，叙述简明，辅以图表，形象直观，突出技能操作。本书共分9个项目：项目1，指法练习和文字录入；项目2，Windows 7基本操作；项目3，Microsoft Word 2010基本操作；项目4，Microsoft Word 2010综合训练；项目5，Microsoft Excel 2010基本操作；项目6，Microsoft Excel 2010综合训练；项目7，Microsoft PowerPoint 2010基本操作；项目8，Microsoft PowerPoint 2010综合训练；项目9，计算机网络实验。此外，本书还附有教材的课后习题和全国计算机等级考试一级MS Office考试大纲（2018年版），并选取了几套全国计算机等级考试一级MS Office考试的仿真试题及其参考答案，以开阔学生视野。

本书由湛江幼儿师范专科学校的刘军、颜源、钟毅任主编，梁伟杰、段红娟、陈莹任副主编。颜源负责编写项目5，钟毅编写项目9，其余部分由刘军编写。全书由刘军统稿和定稿。在本书的编写过程中，梁伟杰、段红娟、陈莹进行了资料的整理和习题的校对。袁晓辉、钟运连、沈阳编辑了配套教学资源，魏楠、苏娟、汤晓提供了版式和装帧设计方案。另外，王骥教授、肖来胜教授、范强副教授对全书的编写工作提出了许多宝贵的指导意见。此外，本书的编写还参考了大量文献资料和许多网站的资料，在此一并表示衷心的感谢。

本书适合于高职高专院校非计算机专业学生使用，也可作为普通读者学习计算机基础知识的教程。

由于时间仓促以及水平有限，书中错误和不当之处在所难免，恳请读者批评指正。

编者
2019年5月

目　　录

项目1 指法练习和文字录入

实 验 目 的

(1)熟悉计算机系统的基本组成部件,了解计算机外设的连接方式。

(2)掌握计算机的启动和关闭过程。

(3)熟悉键盘、鼠标的使用方法,了解计算机的工作方式。

(4)熟悉键盘操作时手指的击键分工,使用金山打字通打字软件并进行指法练习。

(5)掌握一种汉字输入法,如全拼输入法、智能 ABC(标准)输入法、五笔输入法、和码输入法等。

实 验 内 容

(1)熟悉组成部件。

(2)熟悉键盘操作与基本指法。

(3)通过键盘输入汉字。

(4)退出练习,关机。

实 验 步 骤

任务1 熟悉组成部件

(1)通过观察熟悉计算机的硬件——主机、显示器、键盘、鼠标等。

(2)观察计算机的外观和主机正面面板布置,注意电源指示灯、硬盘读写指示灯、复位按钮、电源开关、USB 接口、音频接口等,熟悉计算机的外观和面板布置。认真观察计算机主机后面的插座,注意观察打印机接口(并行口)、键盘接口、鼠标接口、串行口、网线插口、扬声器插口、显示器接口、主机电源插口,了解它们的作用。

(3)观察熟悉计算机与外设的连接关系。

　　①主机的电源连接；

　　②显示器电源与数据的连接；

　　③键盘、鼠标的连接；

　　④网络的连接。

　　(4) 启动计算机。

　　先打开显示器电源开关，再打开主机电源开关，观察启动时自检的提示信息。

任务 2　熟悉键盘操作与基本指法

1. 认识键盘

　　目前常用的键盘有两种基本格式：XT 格式和 AT 格式。在计算机键盘上，每个键包括一种或几种功能，其功能标识在键的上面。根据不同键使用的频率和方便操作的原则，键盘划分为 5 个功能区：主键盘区、功能键区、控制键区、状态指示区和数字键区，如图 1-1 所示。

图 1-1　键盘功能区

　　其中常用键的使用方法如下：

　　字母键：在键盘的中央部分，上面标有"A，B，C，D，…"26 个英文字母。在打开计算机以后，按字母键输入的是小写字母，输入大写字母需要同时按 [Shift] 键。

　　换挡键：即 [Shift] 键，两个 [Shift] 键功能相同。在 AT 格式的键盘上标有一个空心向上的箭头和英文词"Shift"，在 XT 格式的键盘上则只标有空心箭头。同时按下 [Shift] 键和具有上下挡字符的键，输入的是上挡字符。

　　字母锁定键：即 [Caps Lock] 键，用来转换字母大小写。按一次 [Caps Lock] 键以后，再按字母键输入的都是大写字母，再按一次 [Caps Lock] 键转换成小写形式。

　　退格键：即 [Backspace] 键，上面标有向左的箭头，在 AT 格式的键盘上，除标有箭头外还标有英文词"Backspace"，这个键的作用是删除刚刚输入的字符。

　　空格键：即 [Space] 键，位于键盘下部的一个长条键，作用是输入空格。

　　功能键：标有"F1，F2，F3，…，F11，F12"的 12 个键，不同的软件中它们的功能不同。

　　光标键：键盘上 4 个标有箭头的键，箭头的方向分别是上、下、左、右。"光标"是计算机的一个术语,指在计算机屏幕上不断地闪烁的一道横线或者一道竖线,指示现在的输入或进行操作的位置。

制表定位键:即 [Tab] 键,是在键盘左边标有两个不同方向箭头或者标有 "Tab" 字样的键。按下此键,光标跳到下一个位置,通常情况下两个位置之间相隔 8 个字符。

回车键:即 [Enter] 键,[Enter] 键位于字母键的右方,标有带拐弯的箭头和英文词 "Enter",它的作用是表示一行、一段字符或一个命令输入完毕。

键盘上有两个 [Ctrl] 键和两个 [Alt] 键,它们常常和其他的键一起组合使用。

键盘的右侧称为小键盘或副键盘,主要是由数字键等组成。数字键集中在一起,需要输入大量数字时,用小键盘是非常方便的。在小键盘的上方,有一个 [Num Lock] 键,这是数字锁定键。当 [Num Lock] 指示灯亮的时候,数字键起作用,可以输入数字。按一下 [Num Lock] 键,指示灯灭,小键盘中的数字键功能被关闭,但数字下方标识的按键起作用。

键盘上的另外一些键,在本书具体介绍软件时会提及它们的作用。

2. 打字的姿势

(1)身体保持端正,两脚平放。椅子的高度以双手可平放在桌面上为准,电脑桌与椅子之间的距离以手指能轻放至键盘上基本键区为准,如图 1-2 所示。

图 1-2　正确的打字姿势

(2)两臂自然下垂轻贴于腋边,手腕平直,身体与桌面距离 20~30 cm。指、腕都不要压到键盘上,手指微曲,轻轻按在与各手指相关的基本键位("ASDF"及"JKL;")上;下臂和腕略微向上倾斜,使其与键盘保持相同的斜度。双脚自然平放在地上,可稍呈前后参差状,切勿悬空。

(3)显示器宜放在键盘的正后方,与眼睛相距不少于 50 cm。

(4)在放置打字文稿前,先将键盘右移 5 cm,再把打字文稿放在键盘的左边,或用专用文本夹夹在显示器旁。力求"盲打",打字时尽量不要看键盘,视线专注于文稿或屏幕。看文稿时心中默念,不要出声。

3. 打字的基本指法

"十指分工,包键到指",这对于保证击键的准确和速度的提高至关重要。开始击键之前将左手小指、无名指、中指、食指分别置于"ASDF"键上,左拇指自然向掌心弯曲;将右手食指、中指、无名指、小指分别置于"JKL;"键上,右拇指轻置于空格键上。各手指的分工如图 1-3 所示。其中 F 键和 J 键各有一个小小的凸起,操作者进行盲打就是通过触摸这两键来确定基准位。

图 1-3　键位按手指分工示意图

提示:

(1)手指尽可能放在基本键位(或称原点键位,就是位于主键盘的第三排的"ASDF"及"JKL;")上。左食指还要管 G 键,右食指还要管 H 键。同时,左手右手还要管基本键的上一排与下一排,每个手指到其他排"执行任务"后,拇指以外的 8 个手指,只要时间允许都应立即退回基本键位。实践证明,从基本键位到其他键位的路径简单好记,容易实现盲打,减少击键错误;再则,从基本键位到各键位平均距离短,也有利于提高速度。

(2)不要使用单指打字术(用一个手指击键)或视觉打字术(用双目帮助才能找到键位),这两种打字方法的效率比盲打要慢得多。

4. 指法练习

具体的指法练习可以采用计算机辅助教学(computer-aided instruction, CAI)打字软件(如金山打字通 2011 等)来进行,利用 CAI 打字软件可以使指法得到充分的训练,以达到快速、准确地输入英文字母的目的。

任务 3　通过键盘输入汉字

通过键盘输入汉字是指通过计算机的标准键盘,根据一定的编码规则来输入汉字的一种方法,这是最常用、最简便易行的汉字输入方法。要想输入汉字,首先要选择一种汉字输入方法,单击任务栏输入法图标,在弹出的列表中选择输入法,如图 1-4 所示。

列表中有很多输入法可以选择,每种输入法都有各自的特点。比较常用的汉字输入法有全拼、智能ABC、微软拼音、搜狗拼音、五笔字型、和码等。单击某种输入法,转换为该种汉字输入法状态,屏幕出现相应输入法状态条,此时可以输入汉字。

没有输入法菜单时,可以按 [Ctrl] + [Space] 组合键进行中英文输入的转换,也可以按 [Ctrl] + [Shift] 组合键在不同的输入法之间进行切换。

| ✓ 中文(简体) - 美式键盘 |
| S 中文(简体) - 搜狗拼音输入法 |
| 大易输入法 |
| 中文(简体) - 微软拼音新体验输入风格 |
| 中文(简体) - 微软拼音 ABC 输入风格 |
| 显示语言栏(S) |

图 1-4　选择输入法

使用任何一种中文输入法,都可以输入常规的汉字,但当需要输入一些特殊字符时,可以通过软键盘来完成。例如,搜狗拼音提供了 13 种软键盘。在所选的输入法状态条的按钮上单击右键,在弹出的菜单中选择"软键盘"菜单项,即可打开软键盘选择菜单,如图 1-5 所示,从菜单中可以选择需要使用的软键盘。

1 PC 键盘	asdfghjkl;
2 希腊字母	αβγδε
3 俄文字母	абвгд
4 注音符号	ㄆㄊㄍㄐ
5 拼音字母	ā á ě è ó
6 日文平假名	あいうえお
7 日文片假名	アイウヴエ
8 标点符号	〖‖々·〗
✓ 9 数字序号	Ⅰ Ⅱ Ⅲ(一)①
0 数学符号	±×÷∑√
A 制表符	┓┏┫┣
B 中文数字	壹贰千万兆
C 特殊符号	▲☆◆□→
关闭软键盘 (L)

图 1-5　选择软键盘

1. 全拼输入法

全拼输入法是一种简单易学的汉字输入方法,只要了解汉语拼音,就可以很快掌握这种输入方法。全拼输入法的缺点是重码比较多,影响输入速度。

打开输入法菜单,单击全拼输入法,屏幕出现全拼输入法状态条 ,此时即可输入汉字。输入汉语拼音以后,屏幕上出现的输入法窗口将显示出 10 个同音字,例如我们要输入"兔"字,在输入"兔"字的汉语拼音"tu"(注意:是小写字母)以后,输入法窗口如图 1-6 所示。

输入所选汉字前的数字,这个汉字就出现在屏幕上,例如在如图 1-6 所示的情况下输入 3,屏幕上将出现"兔"字,输入 1 或者按 [Space] 键,输入的是"土"字。在输入法窗口中,10 个汉字或词组称为一页,使用键盘上的加号键"+"或单击输入法窗口的 图标,往后翻一页;使用键盘上的减号键"－"或单击输入法窗口的 图标,往前翻一页。在输入汉字以后,有时输入法窗口接着显示与这个字有关的词组以供挑选,如果没有需要的词组,直接输入下一个字的拼音即可。全拼输入法可以直接输入词组,例如输入"信息"可直接输入拼音"xinxi"。

单击输入法状态条左边的图标"",可以进行汉字和英文字母的输入转换,单击标点符号图标,可以进行中西文标点符号的输入转换。

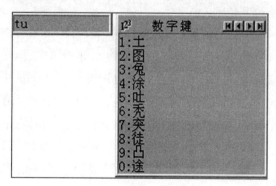

图 1-6　全拼输入示例

2. 智能 ABC 输入法

智能 ABC 输入法(又称标准输入法)是中文 Windows 自带的一种汉字输入方法,它是一种以拼音为基础、以词组输入为主的普及型汉字输入方法,它最明显的特点是简单易学,允许输入长词或短句,具有对输入的词自动记忆等功能,尤其适合初学打字的人,如图 1-7 所示。

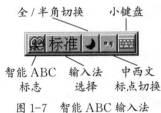

图 1-7　智能 ABC 输入法

智能 ABC 输入法有两种输入方式:标准输入方式和双打输入方式,默认的是"标准"输入方式,只要单击 标准 图标,就会转换为双打输入方式。

(1)全拼输入单字:在"标准"输入方式下,按规范的汉语拼音输入,输入过程和书写汉语拼音的过程完全一致,使用其完整的拼音。具体方法是:输入小写字母组成的拼音码,按 [Space] 键表示输入码结束,并可通过按"["和"]"键(或用"+"和"-"键)进行上下翻屏查找重码字或词,再选择相应单字或词前面的数字完成输入。需要说明的是,拼音"ü"的代替键为 [V],如"女"的拼音"nü = nv"。

(2)双拼输入单字:用全拼输入汉字,击键次数较多,采用"双打"输入方式输入一个汉字,只需要击键两次:奇次为声母,偶次为韵母。智能 ABC 输入法双拼键位如图 1-8 所示。

Q q ei	W w ian	E ch e	R r iu er	T t iang uang	Y y ing	U u	I i	O o uo	P p uan
A zh a	S s ong iong	D d ia ua	F f en	G g eng	H h ang	J j an	K k ao	L l ai	;
Z z iao	X x ie	C c in uai	V sh ve v	B b ou	N n un	M m ue ui			

图 1-8　双拼键位图

需要说明的是,有些汉字没有声母只有韵母,这时奇次输入"o"字母(o 被定义为零声母),偶次键入韵母。虽然击键为两次,但是在屏幕上显示的仍然是一个汉字的拼音,如汉字"爱"的输入方式为先按 [O] 键后按 [L] 键。

(3)以词定字法输入单字:采用全拼输入的时候,会有很多重码。用以词定字法输入单字,可以减少重码。具体方法是输入词的完整拼音后,按 [[ ] 键取第一个字、按 [ ]] 键取最后一个字。例如,输入"xuexi",即"学习"的全拼输入码,如图 1-9 所示。这时,若按 [Space] 键则得到"学习",按 [[ ] 键则得到"学",按 [ ]] 键则得到"习"。

标准 🌙 ᵖᵍ ⌨ xuexi

图 1-9 全拼输入码

(4) 全拼输入词语:输入方法同单字的全拼输入方式,即输入词语的完整拼音即可。例如 "jisuanji"(计算机)、"duomeiti"(多媒体)、"xuesheng"(学生)等。此时,可以使用隔音符号 "'"(单引号),它有助于进行音节划分,以避免二义性,如 "xi'an"(西安)与 "xian"(先)。

(5) 简拼输入词语:对于汉语拼音拼写不是很准确的用户,或者想减少击键的次数,可以使用简拼输入方式。依次取组成词组的各个单字的第一个字母组成简拼码,对于包含 zh、ch、sh 的单字,可以取前两个字母。例如 "bj"(北京),"xm"(姓名),"jsj"(计算机),"ss, shsh, shs, ssh"(事实)。三音节以上的词语尤其适合使用简拼输入,重码率低,输入速度快。例如 "rssf"(惹是生非),"gdxx"(高等学校),"alpkydh"(奥林匹克运动会)。

(6) 混拼输入词语:在输入词语时,如果对词语中某个字的拼音拿不准,只能确定它的声母,建议采用混拼输入法。所谓混拼输入法,就是指输入两个音节以上的词语时,有的音节可以用全拼编码,有的音节则用简拼编码。例如 "tpian"(图片),"fengj"(风景),"ldong"(劳动),"z'sh, z's"(知识)。

(7) 句子输入。由于句子是由词组成的,因此只需逐词输入,词与词之间用空格隔开,并可以一直写下去。

例如:网络是我们生活中不可缺少的一部分。

全拼:wangluo shi women shenghuo zhong buke queshao de yibufen。

混拼:wangl s wom shengh zh buk qshao d ybuf。

(8) 自动分词和构词。依照语法规则,把一次输入的拼音字串划分成若干个简单语段,并分别转换成汉字词语的过程,称为自动分词。把这若干个词和词素组合成一个新词条的过程,称为构词。

例如:在标准输入方式下,要输入"多媒体技术"一词,首先应输入该词的拼音,如图 1-10 所示。

标准 🌙 ᵖᵍ ⌨ duomtijsh

图 1-10 智能 ABC 输入法的构词

按 [Space] 键,出现的结果如图 1-11(a) 所示。因为系统中没有"多媒体技术"一词,所以先分出一个词"多面体"并等待选择纠正。

由于"多媒体"一词在候选窗口中,所以键入"多媒体"所对应的数字"2",此时如图 1-11(b) 所示,可以看到系统又分出一词"技术"并等待选择纠正,由于"技术"刚好在第一个位置,不用选择,直接按 [Space] 键,则分词、构词过程完成。如果再键入"duomtijsh","多媒体技术"一词就会直接出现,不用再重复以上的构词过程。本例中输入时采用的是混拼方式,用简拼、全拼等其他方式同样可以得到所需的结果。

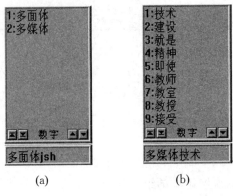

图 1-11 输入"多媒体技术"

尽管系统具有分词的功能,但有时自动分词的结果并不理想,这就需要使用 [Backspace] 键进行修改。如要输入"实验项目"一词,首先输入该词的简拼"syxm",然后按 [Space] 键,此时结果如图 1-12(a) 所示,可以看见,系统先对"syx"进行分词,这时所出现的词不是最终想要的,按一下 [Backspace] 键,试着对前两个字符"sy"进行分词,出现结果如图 1-12(b) 所示,这时出现了"实验"一词,键入相应的数字"6",便将"sy"所对应的词分出,此时,结果如图 1-12(c) 所示,键入相应的数字"4",就会将"实验项目"一词输入。

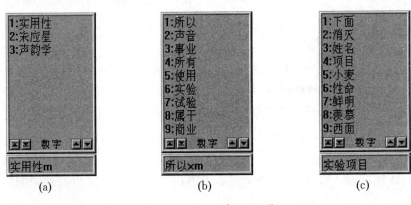

图 1-12 输入"实验项目"

下次再输入该词时,同样直接键入"syxm"就可以了。由例子中也可以看出,系统具有自动记忆的功能。

(9) 智能 ABC 输入法的特殊功能。

中文数量词的简化输入:智能 ABC 输入法提供了阿拉伯数字和中文大小写数字的转换能力,对一些常用量词也可简化输入。"i"为输入小写中文数字的前导字符。"I"为输入大写中文数字的前导字符。例如输入"i8"就可以得到"八",输入"I8"就会得到"捌"。输入"i2019"就会得到"二〇一九"。

图形符号输入:如果要输入图形符号,在标准状态下,只要输入"v1"～"v9"就可以输入 GB-2312 字符集 01～09 区各种符号。例如,要输入"≌",只需要在中文状态输入框中键入"v1",再按若干下 [ ] 键翻几页,就可以看见"≌"了。

　　汉字输入过程中的英文输入:在输入汉字的过程中输入英文,可以不必切换到英文状态。只需键入"v"作为标志符,后面再跟随要输入的英文,最后按 [Space] 键即可。例如,在输入汉字的过程中,如果需要输入英文"sister",只需输入"vsister"再按 [Space] 键即可。

任务 4　退出练习,关机

　　(1)单击窗口右上角的关闭图标,退出正在运行的程序。
　　(2)单击"开始"按钮 ▓ ,在"开始"菜单中单击【关机】按钮,关闭计算机。
　　(3)关闭显示器。

实 验 思 考

(1)练习前建立信心、保持毅力,保持良好的打字姿势与习惯。
(2)打字时集中注意力,做到手、脑、眼协调一致。
(3)打字时要避免一边看原稿一边看键盘,否则容易影响记忆力。
(4)初级阶段的练习即使速度慢,也一定要保证输入的准确性。
(5)正确的指法 + 键盘记忆 + 集中精力 + 准确输入 = 打字高手。

项目 2　Windows 7 基本操作

实 验 目 的

(1) 熟悉系统的基本操作。
(2) 熟悉文件与文件夹的操作。
(3) 熟悉系统环境设置与系统维护。

实 验 内 容

(1) 桌面主题的设置。
(2) 启动资源管理器。
(3) 更改文件查看方式。
(4) 文件与文件夹的操作。
(5) 搜索文件。
(6) 设置汉字输入法。
(7) 查看系统属性及计算机硬件配置。
(8) 账户设置。
(9) 任务管理器的使用。
(10) 磁盘清理。
(11) 磁盘碎片整理。
(12) 附件的使用。

实 验 步 骤

任务 1　桌面主题的设置

单击"开始"按钮 打开"开始"菜单,在右侧的"固定程序"列表中选择"控制面板"菜单项,打开"控制面板"窗口,如图 2-1 所示。

图 2-1　"控制面板"窗口

在"控制面板"窗口中单击"个性化"按钮 或在桌面任一空白处右击,在弹出的快捷菜单中选择"个性化"菜单项,打开"个性化"窗口,如图 2-2 所示。

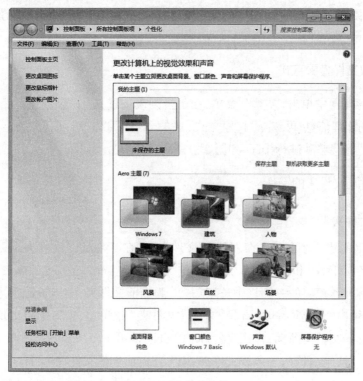

图 2-2　"个性化"窗口

1. 设置桌面主题

选择桌面主题为 Aero 风格的"风景",观察桌面主题的变化。

2. 设置窗口颜色

单击图 2-2 下方的"窗口颜色"选项,打开"窗口颜色和外观"窗口,选择一种窗口的颜色,观察桌面窗口边框颜色的变化。

3. 设置桌面背景

单击图 2-2 下方的"桌面背景"选项,打开"桌面背景"窗口,选择多个桌面背景图片,在"更改图片时间间隔"下拉列表框中选择"5 分钟",勾选"无序播放"按钮。

4. 设置屏幕保护程序

单击图 2-2 下方的"屏幕保护程序"选项,打开"屏幕保护程序设置"对话框,在"屏幕保护程序"下拉列表框中选择"三维文字",在"等待"框中输入"2"分钟。

5. 更改屏幕分辨率

在桌面空白处单击鼠标右键,在快捷菜单中选择"屏幕分辨率"菜单项,设置屏幕分辨率为 1 280×720,然后单击【确定】按钮或【应用】按钮。

任务 2　启动资源管理器

右键单击"开始"按钮 ,在弹出的快捷菜单中选择"打开 Windows 资源管理器"菜单项,启动资源管理器,或单击"开始"按钮 ,在开始菜单中依次选择"所有程序|附件| Windows 资源管理器"菜单项启动资源管理器。

任务 3　更改文件查看方式

在资源管理器中单击"查看"菜单,在下拉列表中选择"详细信息"菜单项,查看文件或文件夹的详细信息;再选择"排序方式"中的"名称""修改日期""类型""大小""递增"或"递减"等菜单项进行排序,如图 2-3 所示,观察显示效果。

任务 4　文件与文件夹的操作

1. 新建文件夹

在 C 盘上创建一个名为"YIZH"的文件夹,再在"YIZH"文件夹下创建两个并列的二级文件夹"CHN"和"CHL"。

在资源管理器窗口的左窗格中选定"C:\"为当前文件夹,右击资源管理器工作窗口空白位置,在弹出的快捷菜单中选择"新建|文件夹"菜单项,窗口中将出现默认名称为"新建文件夹"的文件夹图标,将其改名为"YIZH"即可。

双击"YIZH"文件夹,进入该文件夹,用上述方法创建文件夹"CHN"和"CHL"。

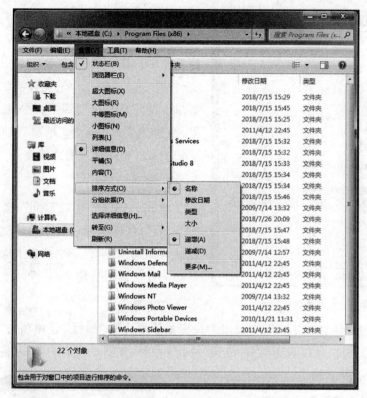

图 2-3　在资源管理器中打开"查看"菜单

2. 新建文件

右击当前文件夹"C:\YIZH"窗口内空白处,选择弹出的快捷菜单中的"新建|文本文档"菜单项,窗口中出现默认名称为"新建文本文档 .txt"的文本文件图标,在名称框中输入新的文件名"A1.txt",然后按 [Enter] 键确认,便在"C:\YIZH"窗口中建立了一个名为"A1.txt"的文件。利用同样的方法在"YIZH"文件夹中建立另一个文本文件"A2.txt"。

3. 重命名

右键单击"A1.txt"文件图标,在弹出的快捷菜单中选择"重命名"菜单项,则"A1.txt"文件的名称框中的名称成为可编辑状态,输入新的名称"index.htm",按 [Enter] 键确认,将文件"A1.txt"更名为"index.htm"。若更改文件扩展名,需要确认后才能改变文件名。

4. 复制

右键单击"A2.txt"文件,在弹出的快捷菜单中选择"复制"菜单项,双击"CHN"子文件夹,进入"CHN"子文件夹,选中"编辑"菜单下拉列表中的"粘贴"命令,或者右键单击空白处,在快捷菜单中选择"粘贴"菜单项,即可将复制的文件粘贴到当前文件夹。

图 2-4　文件属性窗口

5. 剪切

右键单击 "index.htm" 文件,在弹出的快捷菜单中选择 "剪切" 菜单项,双击 "CHL" 子文件夹,进入 "CHL" 子文件夹,选中 "编辑" 菜单下拉列表中的 "粘贴" 命令,或者右击空白处,在快捷菜单中选择 "粘贴" 菜单项,即可将剪切的文件粘贴到当前文件夹。

6. 移动

单击左窗格的 "YIZH" 文件夹,选中 "A2.txt",按住鼠标左键不放松,移动鼠标,使光标移动到 "CHL" 子文件夹上面,然后松手,观察文件位置的变化。

7. 设置属性

右键单击文件夹 "CHN",在弹出的快捷菜单中选择 "属性" 菜单项,打开相应文件夹的 "属性" 对话框,可以看到类型、位置、大小等信息,如图 2-4 所示。选中 "隐藏" 复选框,"CHN" 成为隐藏文件夹。

8. 显示或不显示隐藏文档

在 "资源管理器" 窗口中,选择 "工具 | 文件夹选项…" 菜单项,打开 "文件夹选项" 对话框,单击 "查看" 选项卡,在 "高级设置" 栏中改变 "隐藏已知文件类型的扩展名" 项的设置,观察文件扩展名的变化;选中 "不显示隐藏的文件、文件夹或驱动器" 或 "显示隐藏的文件、文件夹和驱动器",如图 2-5 所示,观察 "CHN" 文件夹的变化。

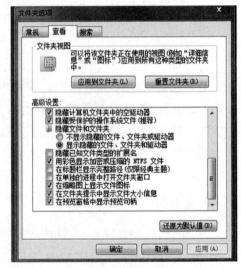

图 2-5　"文件夹选项" 对话框

任务 5　搜索文件

在资源管理器左窗格中选择 C 盘,在搜索框中输入 "*.txt",然后在 "添加搜索筛选器" 下选择 "修改日期" 为当前系统日期,如图 2-6 所示,观察搜索结果。

任务 6　设置汉字输入法

单击 "控制面板" 窗口中 "时钟、语言和区域" 分类下的 "更改键盘或其他输入法" 选项,打开 "区域和语言" 对话框,单击【更改键盘】按钮,弹出 "本文服务和输入语言" 对话框,如图 2-7 所示。

图 2-6 搜索文件

在"已安装的服务"栏内的"输入语言"
列表框内选择某一已安装的输入法,单击【删
除】按钮可以从系统中删除该输入法。

选中需要的输入法,单击【添加…】按钮,
可以将其添加到 Windows 7 系统集成的某种
语言和相应输入法中。

任务 7 查看系统属性及计算机硬件配置

在"控制面板"窗口中,单击"系统"图标,
打开"系统"窗口,如图 2-8 所示。"系统"窗
口显示了 Windows 版本号、CPU 型号及其主
频、内存等信息。

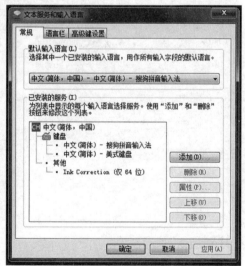

图 2-7 "文本服务和输入语言"对话框

图 2-8 "系统"窗口

在"系统"窗口左窗格中,选择"设备管理器"项,打开"设备管理器"窗口,可查看计算机系统的硬件配置。

图 2-9 "Windows 任务管理器"窗口

任务 8 账户设置

创建一个名称为"chmyu"的标准账户,为其设置密码。然后注销当前用户,并以"chmyu"重新登录计算机,本实验结束后,再删除"chmyu"账户。

任务 9 任务管理器的使用

按 [Ctrl]+[Shift]+[Esc] 组合键或在任务栏的空白处单击右键打开快捷菜单,在快捷菜单中选择"启动任务管理器"菜单项可打开"Windows 任务管理器"窗口,如图 2-9 所示。

通过 Windows 任务管理器可以查看正在运行的应用程序和进程,也可终止正在运行的应用程序和进程。如果要终止某个程序,可先用鼠标选择此程序,再单击【结束任务】按钮即可。如果要终止某个进程,用户需选择 "进程" 选项卡,然后选择需要终止的进程,再单击【结束进程】按钮即可。当应用程序或进程没有响应时,一般选择这种方法结束应用程序或相应的进程。

任务 10　磁盘清理

打开 "计算机" 窗口,右键单击 C 盘,在弹出的快捷菜单中选择 "属性" 菜单项,在弹出的 "(C:)属性" 对话框 "常规" 选项卡中单击【磁盘清理】按钮,即开始磁盘清理。磁盘清理程序会搜索 C 盘,在弹出的 "(C:)的磁盘清理" 对话框中列出临时文件、Internet 缓存文件和可以安全删除的不需要的程序文件。选中要删除的文件,单击【确定】按钮,即可释放 C 盘存储空间,如图 2-10 所示。

图 2-10　"(C:)的磁盘清理" 对话框

任务 11　磁盘碎片整理

磁盘上文件的物理存储方式往往是不连续的。当用户修改文件、删除文件或存放新文件时,文件在磁盘上往往被分成许多不连续的碎片,这些碎片在逻辑上是链接起来的,因而不妨碍文件内容的正确性。但是,随着碎片的增多,读取文件的时间就会变长,系统性能也就会不断降低。磁盘碎片整理程序可以重新存放磁盘上的文件、程序片段,整理未使用的磁盘空间,以便改善系统性能。

单击 "开始" 按钮 ,在 "开始" 菜单中选择 "所有程序|附件|系统工具|磁盘碎片整理程序" 菜单项,弹出 "磁盘碎片整理程序" 窗口,选择要整理的磁盘,单击【磁盘碎片整理】按钮,进行磁盘碎片整理,如图 2-11 所示。

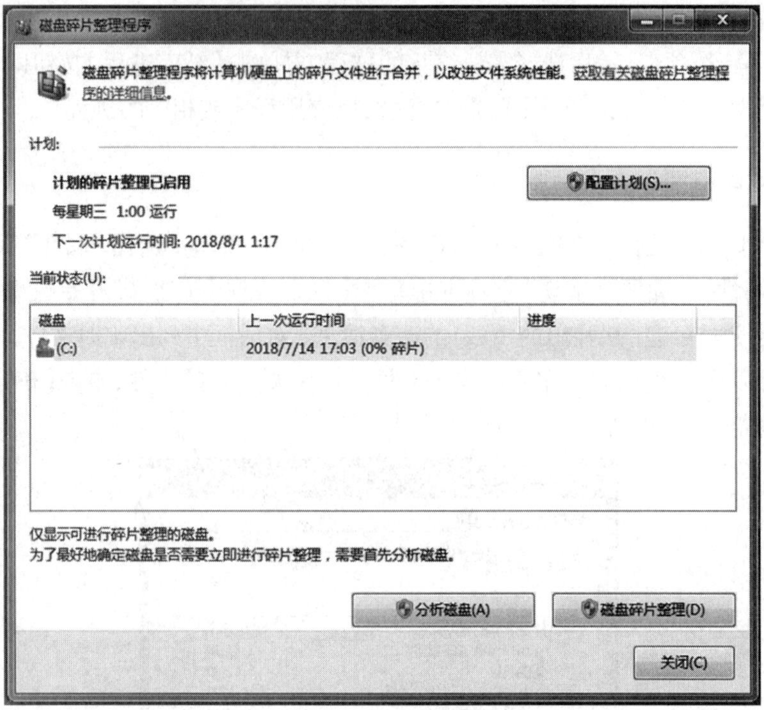

图 2-11　"磁盘碎片整理程序"窗口

任务 12　附件的使用

(1)"画图"和"截图工具"应用程序的使用。

打开"画图"和"截图工具"应用程序,在"画图"应用程序中绘制图案,并通过"截图工具"应用程序截取合适的画面粘贴到"画图"应用程序中,然后编辑制作,最后将其设为桌面背景。

(2)"计算器"应用程序的使用。

打开"计算器"应用程序,练习计算器 4 种工作模式的使用。

实 验 思 考

(1)应用程序还有其他的启动方法吗?

(2)在移动文件时,如果按住 [Ctrl] 键或将文件移动到别的盘上,会有什么样的结果?

(3)当资源管理器中已知文件的扩展名隐藏起来时,如何进行文件扩展名的修改? 如何创建一个名称为"hello.abc"的文件?

(4)在搜索文件时,如何设置修改日期为"2018-12-01"至"2019-03-01"?

(5)如何利用控制面板的"程序和功能"来删除 Windows 7 自带的游戏程序及添加一些没有安装的功能应用?

(6)如何设置文件的网络共享及访问网络上其他计算机上的共享文件?

项目 3　Microsoft Word 2010 基本操作

实 验 目 的

(1) 掌握 Microsoft Word 2010(以下简称 Word 2010) 文档的建立、保存与打开方法。

(2) 掌握 Word 2010 文本内容的选定方法,以及文本的复制、移动和删除方法。

(3) 掌握文本的查找与替换方法,包括高级查找与替换。

实 验 内 容

利用 Word 2010 设计与制作 "自荐书 .docx" 和 "春 .docx"。

实验中用到的所有文件,均在 "Word 实验指导素材" 文件夹中,扫描二维码可下载。

实 验 步 骤

任务 1　启动 Word 2010

启动 Word 2010, 观察 Word 2010 启动后的界面,如图 3-1 所示。

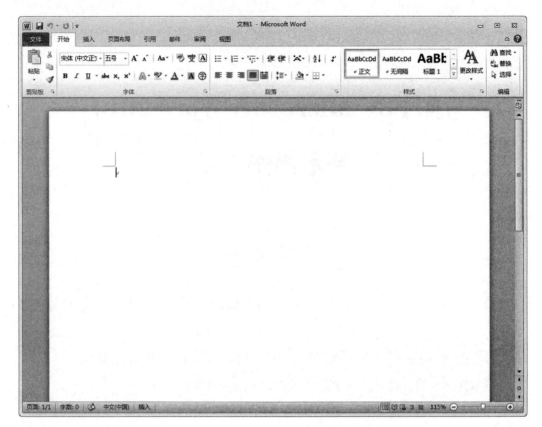

图 3-1　Word 2010 启动后的窗口

Word 2010 启动后自动创建了一个空白文档(其默认文件名称为"文档 1")。

任务 2　自荐书

(1)单击"插入"选项卡"插图"功能组中的"图片"按钮 ▦,打开"插入图片"对话框,选择"Word 实验指导素材"文件夹中的图片"学校标识 .jpg",并将其居中。

(2)输入文字"自荐书",并将文字属性设置为华文仿宋,字号小初,颜色深蓝、文字 2、深色 50%,加粗,阴影(外部 | 右下斜偏移),段前段后间距 1 行,行距 1.5 倍,如图 3-2 所示。

(3)插入"Word 实验指导素材"文件夹中的图片"正门 .jpg"后,选中图片,单击"图片工具 | 格式"选项卡"排列"功能组"自动换行"按钮 ▦,在下拉列表中选择"浮于文字上方"命令,此时,图片将置于文字上方。单击"图片工具 | 格式"选项卡"大小"功能组右下角的对话框启动器 ▦,打开"布局"对话框,在"大小"标签页下设置高度绝对值为"10 cm",宽度绝对值为"17 cm"。

(4)输入文字"姓名""专业""联系电话""电子邮箱",将文字属性设置为华文仿宋,字号小二,颜色深蓝、文字 2、深色 50%,加粗,阴影(外部 | 右下斜偏移),自行调整位置,并在其后加入下划线,最终效果图如图 3-3 所示。

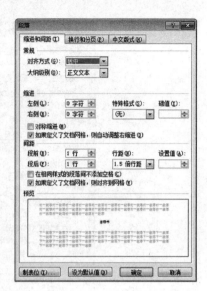

图 3-2　文字属性设置

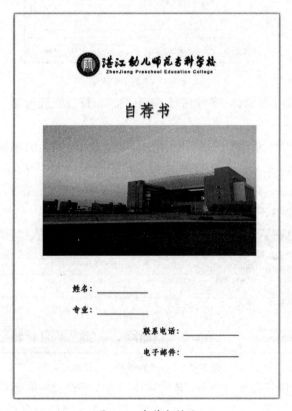

图 3-3　自荐书封面

任务 3　文档格式化与排版

(1)打开"Word 实验指导素材"中的"春 .docx",设置其文字属性为华文仿宋、字号四号,设置其段落属性为首行缩进 2 字符,行距 1.5 倍,如图 3-4 所示。

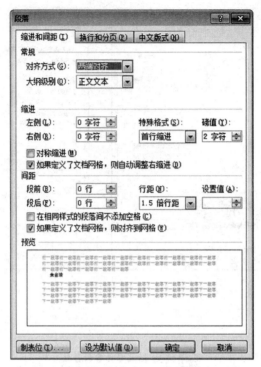

图 3-4 "段落"对话框

(2)设置标题"春"为楷体、字号初号、居中、加粗、首行缩进为无、阴影(外部|右下斜偏移)。

(3)设置作者"朱自清"为华文行楷、居中、阴影(外部|右上斜偏移)。

(4)全文替换"春季"为"春天",单击"开始"选项卡"编辑"功能组中的"替换"按钮 ，打开"查找和替换"对话框,在"查找内容"文本框中输入"春季",在"替换为"文本框中输入"春天",如图 3-5 所示,单击【全部替换】按钮即可。

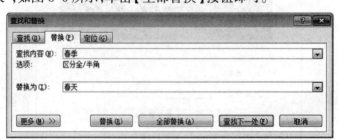

图 3-5 "查找和替换"对话框

(5)为倒数的 3 段添加项目符号"●",字体设置为绿色、倾斜、加粗。

(6)将文本内容中的"一年之计在于春"设置为字体颜色为绿色、下划线线型为双下划线、下划线颜色为红色、着重号为"."。

(7)将倒数第二段移至倒数第三段。

(8)插入图片"树枝.png",选中图片,单击"图片工具|格式"选项卡"排列"功能组中的"自动换行"按钮 ，在下拉列表中选择"衬于文字下方"命令。再次选中图片,选

择"图片工具 | 格式"选项卡"排列"功能组中的"位置"按钮，在弹出的下拉列表中选择"其他布局选项"命令，进入"布局"对话框，在"位置"选项卡下选中"水平"栏下的"绝对值"单选按钮，在其后的文本框中输入"−3.81 厘米"；选中"垂直"栏下的"绝对位置"单选按钮，在其后的文本框中输入"−6.51 厘米"。在"大小"选项卡下，选中"高度"栏下"绝对位置"单选按钮，在其后的文本框中输入"10 厘米"；选中"宽度"栏下的"绝对值"单选按钮，在其后的文本框中输入"10 厘米"。单击【确定】按钮，完成设置。

(9)插入图片"柳条 .png"，选中图片，单击"图片工具 | 格式"选项卡"排列"功能组中的"自动换行"按钮，在弹出的下拉列表中选择"衬于文字下方"命令，其位置大小自行设置，美观即可，效果如图 3-6 所示。

图 3-6　插入"柳条 .png"效果

(10)分别插入图片"小山坡背景 .png""女孩背影 .png"，选中图片，单击"图片工具 | 格式"选项卡"排列"功能组中的"自动换行"按钮，选择"衬于文字下方"命令，其位置大小自行设置，美观即可，如图 3-7 所示。

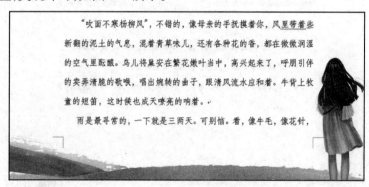

图 3-7　插入"小山坡背景 .png"和"女孩背景 .png"效果

(11)删除标题"春"，插入图片"春 .png"代替，自行设计大小及位置，效果如图 3-8 所示。

(12)文档内容第二页，自行插入图片进行美化，效果如图 3-9 所示。

(13)光标定位在第一页第一段，单击"插入"选项卡"文本"功能组中的"首字下沉"按钮，在弹出的下拉列表中选择"首字下沉选项"命令，在弹出的"首字下沉"对话框中选择"悬挂"，设置下沉行数为"2"，距正文"0 厘米"。

(14)选中第四段、第五段，单击"页面布局"选项卡"页面设置"功能组中的"分栏"

图 3-8　插入"春.png"效果

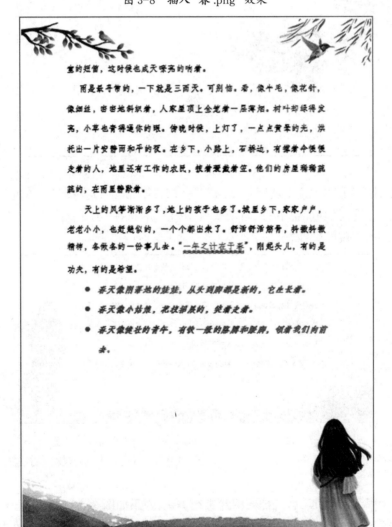

图 3-9　第二页插入图片效果

按钮▦,在弹出的下拉列表框中选择"更多分栏"命令,弹出"分栏"对话框,选择两栏,并选中"分隔线"选择按钮,效果如图 3-10 所示。

图 3-10　分栏效果

实 验 思 考

(1) 如何使用格式刷?

(2) 样式是什么,如何使用样式?

(3) 如何设置页面的"边框和底纹"?

项目 4 Microsoft Word 2010

综合训练

实 验 目 的

(1)掌握创建、编辑、格式化表格的方法。

(2)熟练使用 Word 2010 表格的计算功能。

(3)掌握表格的排版技巧。

实 验 内 容

利用 Word 2010 设计与制作个人简历和成绩表。

实 验 步 骤

任务 1 绘制表格

(1)单击 "插入" 选项卡 "表格" 功能组 "表格" 按钮 ▦,在下拉列表的众多方框中绘制一个 7 行 7 列的表格,如图 4-1 所示。

(2)插入表格后,在表格中输入个人简介的相关内容,如表 4-1 所示。

图 4-1　插入表格

表 4-1　个人简历 1

求职意向					
姓名		性别		出生年月	照片
文化程度	毕业院校				
籍贯			政治面貌		
现住址			手机号码		
电话号码			E-mail		
本人简历					

(3) 对表格进行格式化。选择需要合并的行或列，右键单击，在弹出的快捷菜单中，选择 "合并单元格" 菜单项，效果如表 4-2 所示。

表 4-2　个人简历 2

求职意向				
姓名		性别	出生年月	照片
文化程度		毕业院校		
籍贯			政治面貌	
现住址			手机号码	
电话号码			E-mail	
本人简历				

(4) 表格增加一行。把光标移到表格的最后一行的后面，按 [Enter] 键，表格增加一行，在行首输入 "特长"。

(5)设置表格与单元格的边框和底纹。选中整个表格，右键单击，在弹出的快捷菜单中选中"边框和底纹"菜单项，打开"边框和底纹"对话框，如图 4-2 所示。

图 4-2   "边框和底纹"对话框

打开"边框和底纹"对话框后，在"设置"栏下选择"自定义"命令，在"样式"框中选择双实线，设置颜色为"黑色"，宽度为"0.75 磅"，应用于表格的边框，如图 4-3 所示。

图 4-3   设置边框

选中需要添加底纹的单元格，右键单击，在弹出的快捷菜单中，选择"边框和底纹"菜单项，弹出"边框和底纹"对话框，在"底纹"选项卡中，设置颜色为"白色，背景 1，深色15%"，如图 4-4 所示，单击【确定】按钮完成设置。

(6)对表格设置适当的行高或列宽，选中表格，右键单击，在弹出的快捷菜单中，选择"表格属性"菜单项，在"表格属性"对话框"行"选项卡下选择"尺寸"栏下"指定高度"选择按钮，并在其后文本框中输入"1 厘米"，行高值是"最小值"，如图 4-5 所示，单击【确定】按钮。其中，"本人简历"行的行高设为"4 厘米"，文字"本人简历"设置为竖排，撑满此行，最终效果如表 4-3 所示。

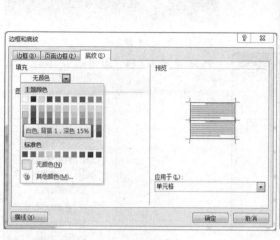
图 4-4　设置底纹

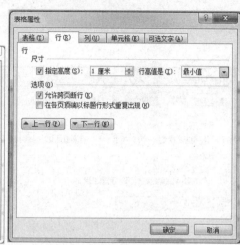
图 4-5　"表格属性"对话框

表 4-3　个人简历 3

求职意向						
姓名		性别		出生年月		照片
文化程度		毕业院校				
籍贯				政治面貌		
现住址				手机号码		
电话号码				E-mail		
本人简历						
特长						

任务 2　绘制斜线表头

(1)单击"插入"选项卡"表格"功能组"表格"按钮 ⊞,在下拉列表中绘制一个 4 行 6 列的表格。

(2)第一行设置行高。选择第一行,右键单击,在弹出的快捷菜单中,选择"表格属性"菜单项,在"表格属性"对话框中设置行高为"1.8 厘米",如图 4-6 所示。

(3)绘制斜线。选中第 1 行第 1 列的单元格,单击"开始"选项卡"段落"功能组中的框线下拉按钮,在下拉列表中选择"斜下框线",如图 4-7 所示。

图 4-6　设置行高　　　　　　　　　图 4-7　绘制斜下框线

(4)为表格添加内容,如表 4-4 所示。

表 4-4　成绩表 1

科目 姓名	政治	英语	专业课一	专业课二	总分
刘一					
陈二					
张三					

(5)为表格添加底纹。选择需要添加底纹的单元格,右键单击,在弹出的快捷菜单中,选择"边框和底纹"菜单项,弹出"边框和底纹"对话框,在"底纹"选项卡中,设置颜色为"白色,背景 2,深色 15%",如表 4-5 所示。

表 4-5　成绩表 2

科目 姓名	政治	英语	专业课一	专业课二	总分
刘一					
陈二					
张三					

(6)在表格中输入 4 门科目的成绩,如表 4-6 所示。

表 4-6 成绩表 3

科目 姓名	政治	英语	专业课一	专业课二	总分
刘一	59	23	88	92	
陈二	88	79	98	96	
张三	70	61	75	83	

(7)使用 Word 2010 表格的计算功能。把光标移到第二行的最后一个单元格,单击"表格工具 | 布局"选项卡"数据"功能组中的"公式"按钮 π,打开"公式"对话框,如图 4-8 所示,输入公式"=SUM(LEFT)",单击【确认】按钮,并将该公式复制到其下的两个单元格中,表格最终效果如表 4-7 所示。

图 4-8 "公式"对话框

表 4-7 成绩表 4

科目 姓名	政治	英语	专业课一	专业课二	总分
刘一	59	23	88	92	262
陈二	88	79	98	96	361
张三	70	61	75	83	289

实 验 思 考

(1)如何对表格进行美化?

(2)如何求平均值? 如何按条件进行统计?

(3)如何快速绘制多行多列表格?

项目 5　Microsoft Excel 2010
基本操作

实 验 目 的

(1) 掌握建立电子表格的一般方法。

(2) 熟练掌握 Microsoft Excel 2010(以下简称 Excel 2010)公式的使用方法。

(3) 掌握单元格格式的引用方法。

(4) 掌握单元格的边框和底纹设置。

(5) 掌握 Excel 2010 的透视表。

实 验 内 容

Excel 2010 电子表格的边框底纹设置、计算与透视表。

实验中用到的所有文件,均在 "Excel 实验指导素材" 文件夹中,扫描二维码可下载。

实 验 步 骤

任务 1　启动 Excel 2010

方法一:单击 "开始" 按钮 ![btn],选择 "所有程序 | Microsoft Office | Microsoft Excel 2010" 菜单项,启动 Excel 2010,观察 Excel 2010 启动后的界面,如图 5-1 所示。启动后 Excel 2010 将自动创建一个工作簿(其默认文件名称为 "工作簿 1")。

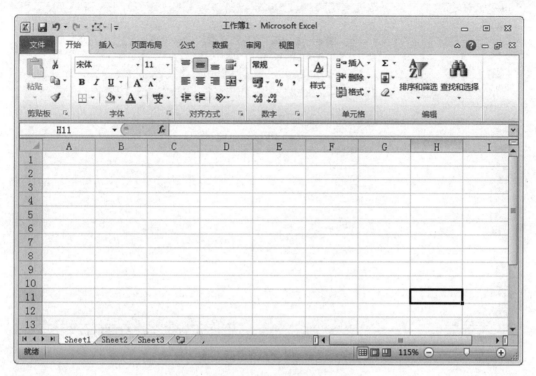

图 5-1　Excel 2010 启动后的窗口

方法二：双击 Excel 2010 软件的桌面快捷方式。

任务 2　保存工作簿

选择"文件 | 保存"命令，弹出"另存为"对话框，选择文件要保存的路径和类型，并输入文件名"tv"。

任务 3　工作表的重命名和删除

右键单击工作表标签，在弹出的快捷菜单中，选择"重命名"，将工作表 sheet1 重命名为"分配情况表"。

删除多余的工作表 sheet2 和 sheet3，效果如图 5-2 所示。

任务 4　输入数据、保存文件

在"分配情况表"中输入数据，如图 5-3 所示。

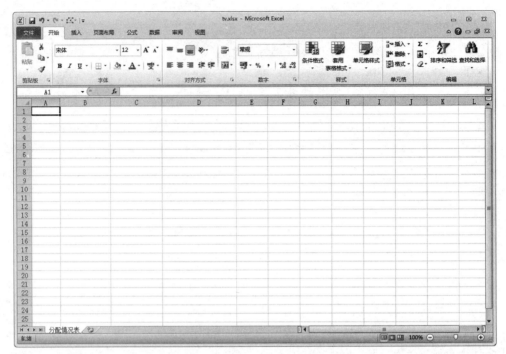

图 5-2　删除多余的工作表

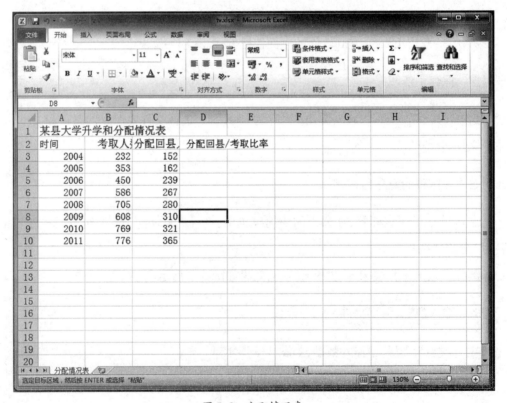

图 5-3　分配情况表

直接单击快速访问工具栏中的"保存"按钮■或在"文件"菜单中选择"保存"命令，保存文件。

任务 5 新建、复制工作表

在"分配情况表"前插入一张新工作表，再将其移动到所有工作表的最后；复制"分配情况表"中的数据，将其粘贴至"分配统计表"中，并将新工作表更名为"分配统计表"，如图 5-4 所示。

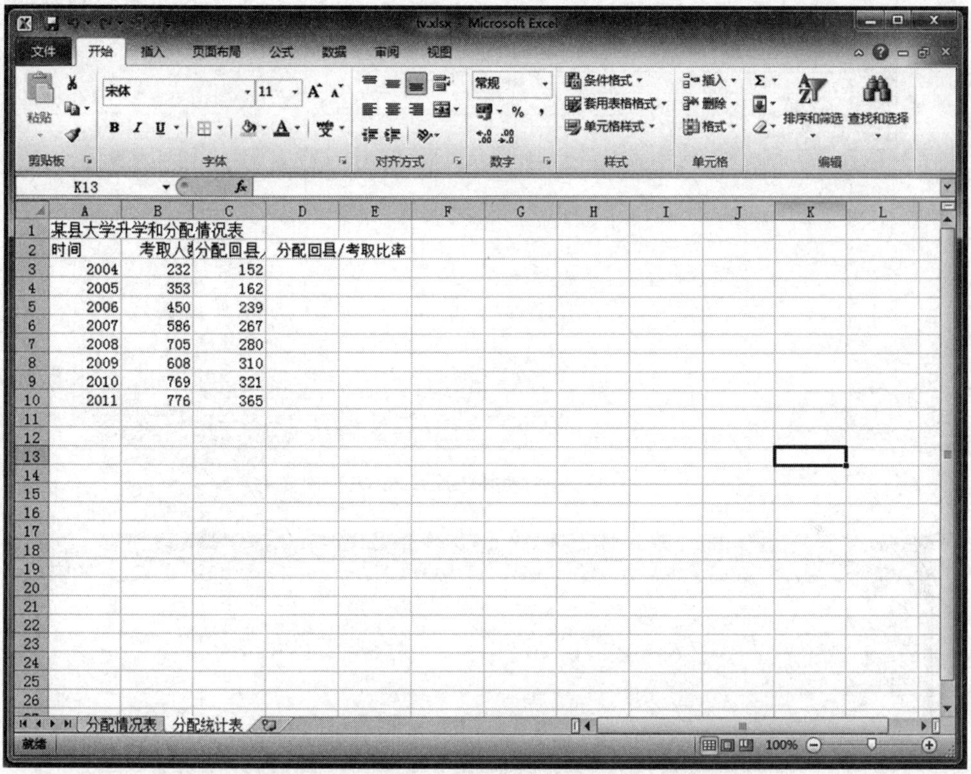

图 5-4 分配统计表

也可以直接复制"分配情况表"，将复制的工作表更名为"分配统计表"。

任务 6 表格格式化

(1)在分配情况表中选中"A2:D10"，单击"开始"选项卡"样式"功能组中的"套用表格格式"按钮■，在下拉列表中选择"蓝色，表样式浅色 9"对"分配情况表"进行快速格式化，如图 5-5 所示。

(2)设置表格边框线。选中单元格"A1:D10"，单击"开始"选项卡"字体"功能组中的"边框"下拉按钮，在下拉菜单中选择"其他边框"菜单项，弹出"设置单元格格式"对话框，设置外框为最粗的蓝色单线，内框为最细的单线，如图 5-6 所示。

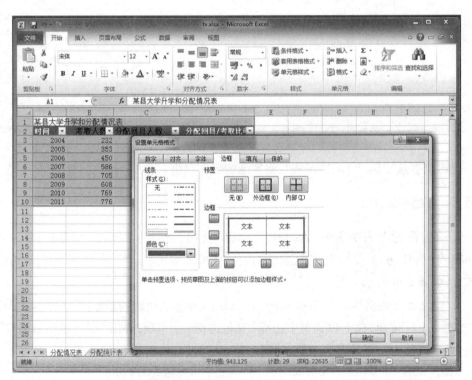

图 5-5　表样快速格式化

图 5-6　表格边框线

（3）设置表格行高、列宽等。将表格中各行行高设置为 30，各列列宽设置为 30。

选择"A1:D1"，将单元格合并、居中，并设置字体颜色为蓝色、粗体、字体大小为 18、垂直和水平都居中对齐、黄色底纹。

设置"A2:D2"区域的字体颜色为白色、粗体、字体大小为 13，垂直和水平都居中对齐。

表格中的其他内容对齐方式为水平靠右、垂直居中，字体大小为 12，如图 5-7 所示。

图 5-7　设置表格行高、列宽

任务 7　公式的使用

（1）计算 D 列"分配回县 / 考取比率"内容（分配回县 / 考取比率 = 分配回县人数 / 考取人数），选择"D3:D10"区域，右键单击，在弹出的快捷菜单中，选择"设置单元格格式"菜单项，打开"设置单元格格式"对话框，在"数字"选项卡下的"分类"组中选择"百分比"，设置小数位数为"2"。

（2）利用条件格式将"分配回县 / 考取比率"列内大于或等于 50% 的值设置为填充颜色为红色、加粗。单击"开始"选项卡"样式"功能组中的"条件格式"按钮，在下拉列

表中选择"突出显示单元格规则 | 其他规则"命令,打开"新建格式规则"对话框,选择规则类型为"只为包含以下内容的单元格设置格式",在"编辑规则说明"标签中设置条件为单元格值、大于或等于50%,设置预览格式填充颜色为红色、加粗效果,如图5-8所示。

(a) "条件格式"菜单

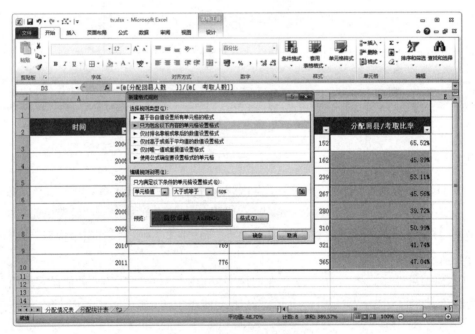

(b) "新建格式规则"对话框

图 5-8 条件格式

(3)保存工作簿,最终效果如图5-9所示。

图 5-9　条件格式效果

任务 8　透视表

（1）打开"Excel 实验指导素材"中的"家电销售透视表 .xlsx"，在有数据的区域内单击任一单元格，单击"插入"选项卡"表格"功能组中的"数据透视表"按钮，在弹出的下拉列表中选择"数据透视表"命令，弹出"创建数据透视表"对话框，在"选择放置数据透视表的位置"选项下选择"现有工作表"单选按钮，在"位置"文本框输入"I8:M22"，单击【确定】按钮，如图 5-10 所示。

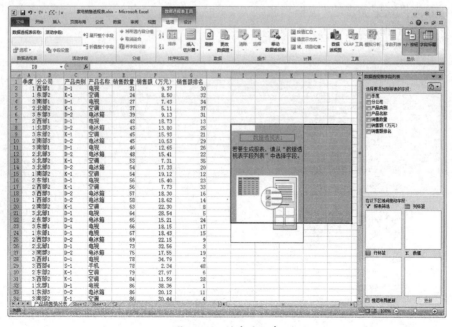

图 5-10　创建透视表

(2)在"数据透视表字段列表"任务窗格中拖动"分公司"到行标签,拖动"季度"到列标签,拖动"销售数量"到数值,如图 5-11 所示。

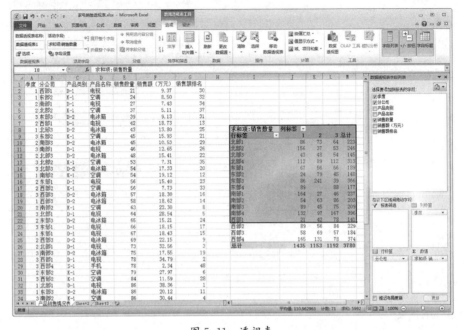

图 5-11　透视表

(3)完成数据透视表的建立,保存工作簿。

实 验 思 考

(1)如何设置更美观的"边框和底纹"?
(2)如何使用透视表提高工作效率?

项目 6 Microsoft Excel 2010 综合训练

实 验 目 的

(1) 了解图表的作用及图表中的术语。

(2) 掌握图表的创建和编辑。

(3) 掌握图表的格式化。

(4) 掌握数据的排序、筛选、分类汇总的方法。

实 验 内 容

Excel 2010 的公式及函数运算、图表的使用、分类汇总、排序、筛选。

实验中用到的所有文件,均在"Excel 实验指导素材"文件夹中,见项目 5。

实 验 步 骤

任务 1 合并居中

(1) 打开"销售情况统计表.xlsx",如图 6-1 所示。

图 6-1　销售情况统计表

(2)选中工作表的"A1:G1"区域,单击"开始"选项卡"对齐方式"功能组中的"合并后居中"按钮 <img> 的下三角箭头,在弹出的下拉列表中选择"合并后居中"选项。

任务 2　计算单元格

(1)在 D3 单元格中输入"=B3*C3"后按 [Enter] 键。选择 D3 单元格,将鼠标指针移动到该单元格右下角的填充柄上,当光标变为黑"╋"时,按住鼠标左键,拖动单元格填充柄到 D12 单元格中,如图 6-2 所示。

(2)选中单元格区域"D3:D12"并右键单击,从弹出的快捷菜单中选择"设置单元格格式"菜单项,弹出"设置单元格格式"对话框,在"数字"选项卡下的"分类"组中选择"数值",在"小数位数"列表框中调整小数位数为"0",单击【确定】按钮,如图 6-3 所示。

(3)按上述同样的方法计算"本月销售额"并设置单元格格式。

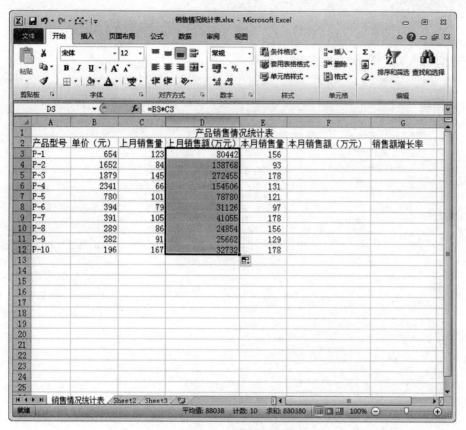

图 6-2 计算销售额

图 6-3 "设置单元格格式"对话框

(4) 在“G3”单元格中输入“=(F3 – D3)/D3”后按 [Enter] 键。选中“G3”单元格，将鼠标指针移动到该单元格右下角填充柄上，当光标变为黑色“+”时，按住鼠标左键拖动填充柄到“G12”单元格中，如图 6-4 所示。

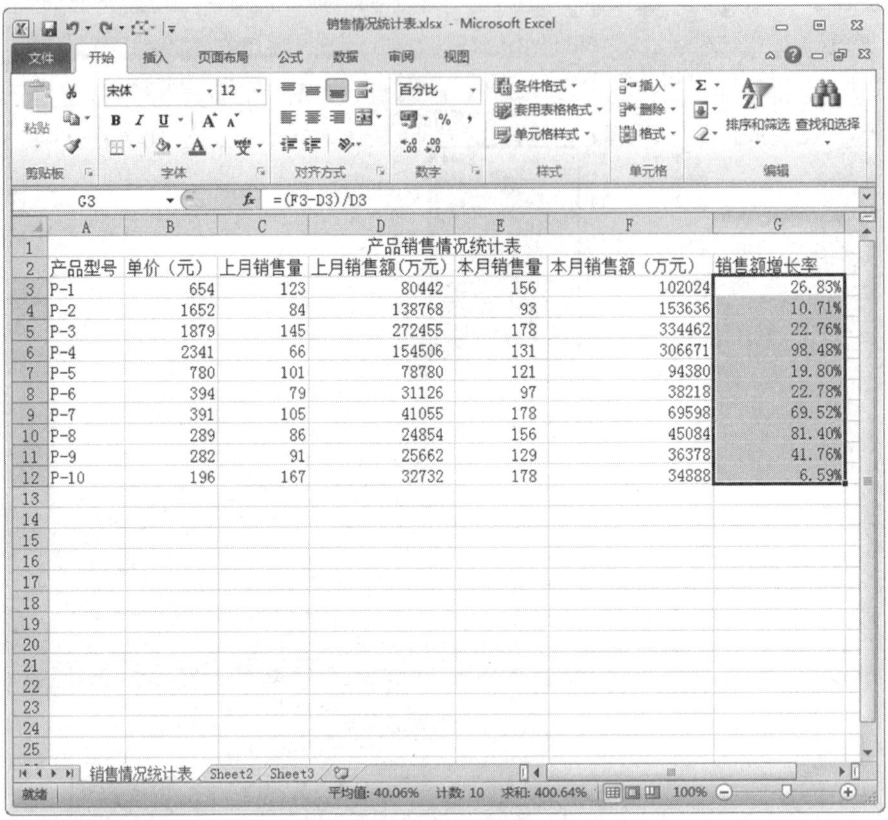

产品型号	单价（元）	上月销售量	上月销售额(万元)	本月销售量	本月销售额（万元）	销售额增长率
P-1	654	123	80442	156	102024	26.83%
P-2	1652	84	138768	93	153636	10.71%
P-3	1879	145	272455	178	334462	22.76%
P-4	2341	66	154506	131	306671	98.48%
P-5	780	101	78780	121	94380	19.80%
P-6	394	79	31126	97	38218	22.78%
P-7	391	105	41055	178	69598	69.52%
P-8	289	86	24854	156	45084	81.40%
P-9	282	91	25662	129	36378	41.76%
P-10	196	167	32732	178	34888	6.59%

图 6-4 计算销售额增长率

(5) 选中单元格区域“G3:G12”并右键单击，从弹出的快捷键菜单中选择“设置单元格格式”菜单项，弹出“设置单元格格式”对话框，在“数字”选项卡下的“分类”组中选择“百分比”，在“小数位数”列表框中调整小数位数为“1”，单击【确定】按钮。

任务 3 设置图表

(1) 按住 [Ctrl] 键同时选中单元格区域“A2:A12”“C2:C12”“E2:E12”，单击“插入”选项卡“图表”功能组下的“柱形图”按钮，在弹出下拉列表中选择“簇状柱形图”命令，如图 6-5 所示。

(2) 选中柱形图，单击“图表工具 | 布局”选项卡“标签”功能组中的“图表标题”按钮，在弹出的下拉列表中选择“居中覆盖标题”命令，把图表标题命名为“销售情况统计图”。

(3) 单击“图表工具 | 布局”选项卡“标签”功能组中的“图例”按钮，在弹出的下拉列表中选择“在底部显示图例”命令。

(4) 拖动图表，使左上角在“A14”单元格，调整图表大小使其在“A14:E27”单元格区域内,如图 6-6 所示。

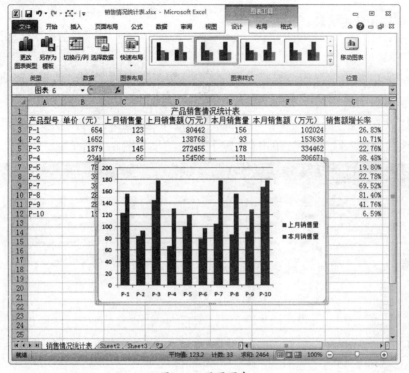

图 6-5　设置图表

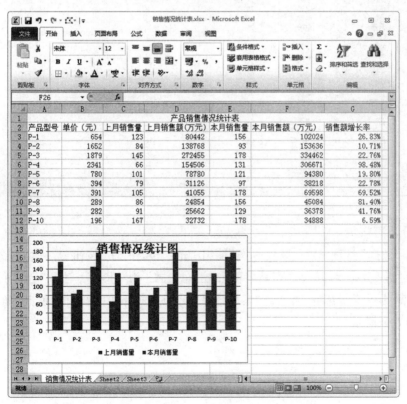

图 6-6　移动图表

(5)单击快速访问工具栏中的"保存"按钮 ▣，保存"销售情况统计表 .xlsx"。

任务 4　排序和分类汇总

(1)排序。

打开"家电销售情况表 .xlsx"文件，将光标置于数据区，单击"数据"选项卡"排序和筛选"功能组中的"排序"按钮 ▣，弹出"排序"对话框，设置"主要关键字"为"产品名称"，设置"次序"为"降序"；单击"添加条件"按钮 ▣添加条件(A)，设置"次要关键字"为"分公司"，设置"次序"为"降序"，单击【确定】按钮，结果如图 6-7 所示。

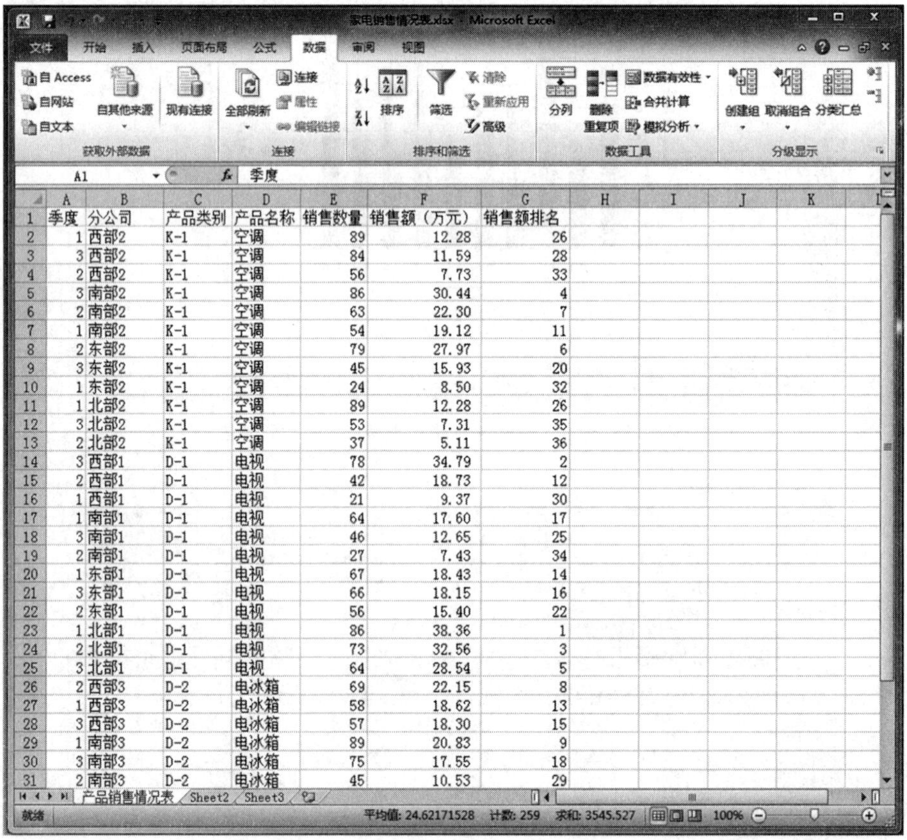

图 6-7　排序

(2)分类汇总。

单击"数据"选项卡"分级显示"功能组中的"分类汇总"按钮 ▣，弹出"分类汇总"对话框，设置"分类字段"为"产品名称"，"汇总方式"为"求和"，勾选"选定汇总项"中的"销售额(万元)"复选框，再勾选"汇总结果显示在数据下方"复选框，单击【确定】按钮，结果如图 6-8 所示。

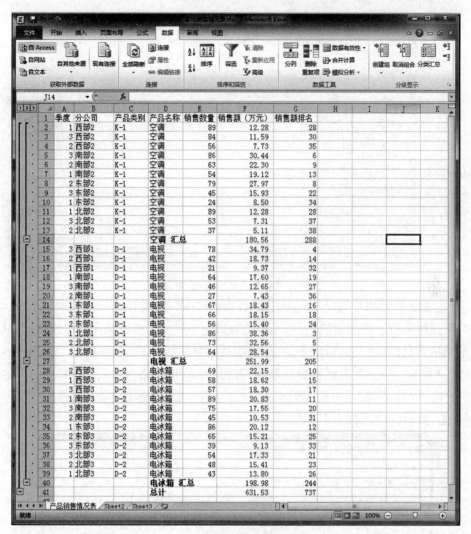

图 6-8 分类汇总

任务 5 降雨量统计表

（1）打开"降雨量统计表 .xlsx"文件，双击 Sheet1 工作表的表名处将其改名为"降雨量统计表"。

（2）选中工作表"A1:H1"区域，单击"开始"选项卡"对齐方式"功能组右下方的对话框启动器，弹出"设置单元格格式"对话框，在"对齐"选项卡"文本对齐方式"标签下的"水平对齐"列表框中选择"居中"，勾选"文本控制"标签下的"合并单元格"复选框，如图 6-9 所示，单击【确定】按钮。

图 6-9 "设置单元格格式"对话框

(3) 在 H3 单元格中输入"=AVERAGE(B3:G3)"并按 [Enter] 键,将光标移动到 "H3"单元格的右下角填充柄上,当光标变为黑色"✚"时,按住鼠标左键拖动填充柄到 H5 单元格,可计算出其他行的平均值,选中单元格区域"H3:H5",单击"开始"选项卡 "字体"功能组右下方的对话框启动器,弹出"设置单元格格式"对话框,单击"数字" 选项卡,选中"分类"标签下的"数值"项,在"小数位数"列表框中设置小数位数为"1", 如图 6-10 所示,单击【确定】按钮。

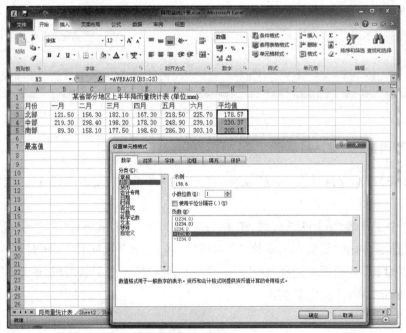

图 6-10 求平均值并设置"小数位数"

(4)选中 B7 单元格,输入 "=MAX(B3:B5)" 并按 [Enter] 键,将光标移动到 B7 单元格的右下角填充柄上,当光标变为黑色 "✚" 时,按住鼠标左键拖动填充柄到 G7 单元格,结果如图 6-11 所示。

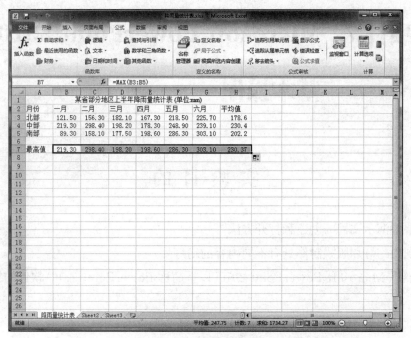

图 6-11　求最大值

实 验 思 考

(1)如何美化 "图表"?
(2)如何使用其他 "图表"?
(3)分类汇总和排序、筛选有什么相同点?

项目 7　Microsoft PowerPoint 2010

基本操作

实 验 目 的

(1)掌握演示文稿的创建和打开方法。

(2)利用幻灯片版式制作具有不同内容的幻灯片。

(3)熟悉 Microsoft PowerPoint 2010(以下简称 PowerPoint 2010)软件的编辑制作环境。

(4)掌握幻灯片的切换方式和动画效果。

实 验 内 容

利用 PowerPoint 2010 设计与制作"我的家乡 .pptx",从 4 个方面去介绍自己的家乡,分别是"家乡的地理位置、家乡的人文、家乡的山水、家乡的特产"。

实验中用到的所有文件,均在"PowerPoint 实验指导素材 1"文件夹中,请扫描二维码下载。

实 验 步 骤

任务 1　启动 PowerPoint 2010

观察 PowerPoint 2010 启动后的界面,如图 7-1 所示。

PowerPoint 2010 启动后自动创建了一个空白演示文稿(其默认文件名称为"演示文稿 1"),该演示文稿只有一张幻灯片,该幻灯片的版式为"标题幻灯片"。

在标题幻灯片中有两个占位符(见图 7-1 中虚线文本框),单击占位符可以分别输入幻灯片的主标题和副标题。

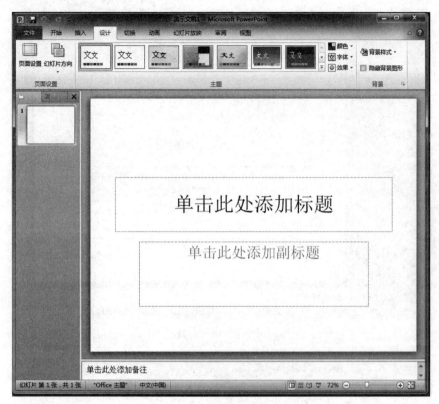

图 7-1　PowerPoint 2010 启动后的窗口

任务 2　制作标题幻灯片

单击主标题区域,选中标题区域的占位符,虚线方框四周会出现 4 个白色的小圆圈和小方框,在方框内出现 I 形指针。

(1) 输入主标题文字"我的家乡"。

(2) 采用同样的方法,在副标题占位符中输入"——湛江"。

(3) 单击幻灯片的空白区域,取消对副标题区域的选择,完成标题幻灯片的制作,如图 7-2 所示。

任务 3　增加一张"空白"版式的幻灯片

单击"开始"选项卡"幻灯片"功能组中的"新建幻灯片"下拉按钮,在下拉列表中单击"空白"版式,如图 7-3 所示。

任务 4　编辑幻灯片

(1)在"空白"版式的幻灯片中单击"插入"选项卡"文本"功能组中的"文本框"下拉

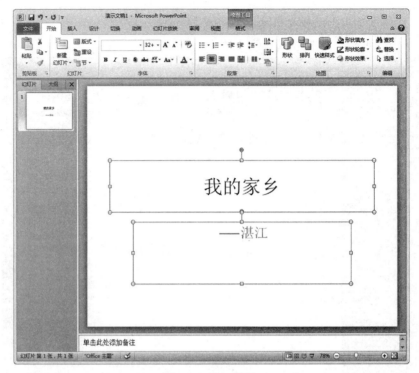

图 7-2　输入标题

图 7-3　"空白"版式

按钮，选择"横排文本框"命令，如图 7-4 所示，在幻灯片中拖动鼠标画出横排文本框。

(2)在横排文本框中,分行输入"家乡的地理位置""家乡的人文""家乡的山水""家乡的特产",如图 7-5 所示。

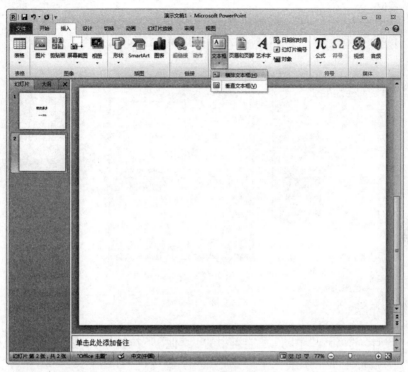

图 7-4　插入横排文本框

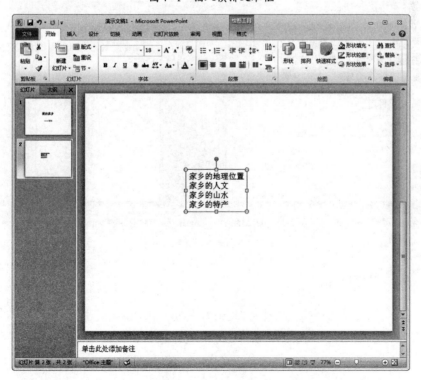

图 7-5　输入内容

(3) 全选横排文本框中的文字，单击"开始"选项卡"段落"功能组中的"项目符号"
下拉按钮 ≣ ▾，在下拉列表中选择"项目符号和编号"命令，打开"项目符号和编号"对
话框，单击对话框中的【图片】按钮，打开"图片项目符号"对话框，在"搜索文字"的文本
框中输入"balls"，选择第 1 行第 2 张图片，单击【确定】按钮，如图 7-6 所示。

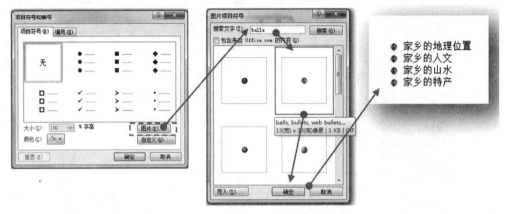

图 7-6　增加项目符号和编号

任务 5　修改主题

单击"设计"选项卡"主题"功能组中的"其他"下拉按钮 ▾，在弹出的下拉列表中选
择"中性"主题，如图 7-7 所示。

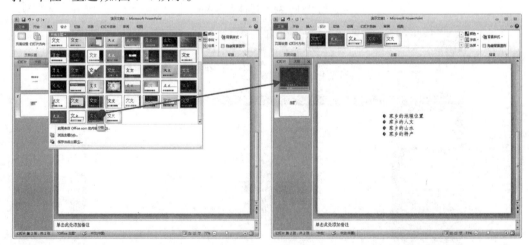

图 7-7　主题

任务 6　家乡的地理位置

新建幻灯片，单击"开始"选项卡"幻灯片"功能组中的"新建幻灯片"下拉按钮，
在弹出的下拉列表中选择"两栏内容"版式，在标题占位符处输入标题内容"家乡的地理
位置"。

在左边的文本占位符处输入内容：

　　"湛江,旧称'广州湾',别称'港城',是广东省辖的地级市,位于中国大陆南端雷州半岛,广东省西南部,粤桂琼三省区交汇处,东濒南海,南隔琼州海峡与海南省相望,西临北部湾,背靠大西南,东北与茂名市相连。全市人口830多万,面积1.32万平方公里,辖4个区、3个县级市和2个县,拥有1个国家级经济技术开发区(国家级高新区)和3个功能区。"

　　排版方式为:首行缩进两个字符,行距为1.0。

　　在右边文本框中单击"插入来自文件的图片"按钮![图标]添加图片,图片为"湛江风光.jpg",如图7-8所示。

图 7-8　家乡的地理位置

任务 7　家乡的人文

　　新建幻灯片,选择版式为"比较",在标题占位符处输入标题内容"家乡的人文",在左上方的文本占位符处输入"湛江年例——飘色",在右上方的文本占位符处输入"湛江年例——美食",在左下方向文本占位符处添加图片"湛江年例——飘色.jpg",在右下方向文本占位符处添加图片"湛江年例——美食.jpg",如图7-9所示。

任务 8　家乡的山水

　　新建幻灯片,选择版式为"仅标题",在标题占位符处输入标题内容"家乡的山水",在标题左下方插入图片"湖光岩.jpg",右下方插入图片"龙海天.jpg",在左边图片下插入横排文本框,并输入"湖光岩",在右边图片下插入横排文本框,并输入"龙海天",如图7-10所示。

家乡的人文

湛江年例——飘色	湛江年例——美食

图 7-9　家乡的人文

家乡的山水

湖光岩　　　　　　　　　　　　龙海天

图 7-10　家乡的山水

任务 9　家乡的特产

新建幻灯片,选择版式为"仅标题",在标题占位符处输入标题内容"家乡的特产",在标题下方分别插入图片"湛江白切鸡 .jpg""湛江生蚝 .jpg""廉江红江橙 .jpg""徐闻地菠萝 .jpg",对这 4 张图片进行简单排版,如图 7-11 所示。

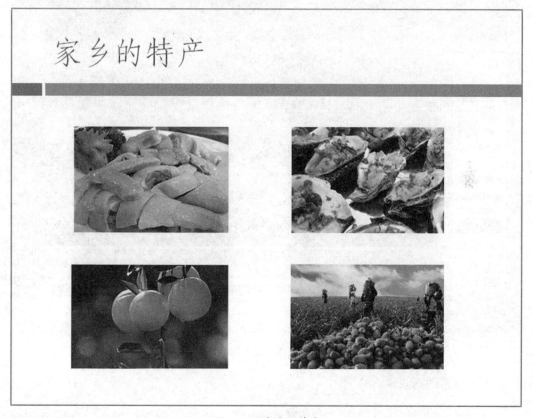

图 7-11　家乡的特产

任务 10　插入背景图片

选择第 1 张幻灯片,单击"设计"选项卡"背景"功能组中的"背景样式"下拉按钮 ，在弹出的下拉列表中选择"设置背景格式"命令,打开"设置背景格式"对话框,在"填充"选项卡下单击"图片或纹理填充"单选按钮,在"插入自"标签下,单击【文件】按钮打开"插入图片"对话框,选择图片"湖光镜月 .jpg",单击【插入】按钮。把标题占位符"我的家乡"移动到左下角橙色方框内,把副标题占位符"——湛江"移动到右下角淡蓝色方框内,并将其中的"——湛江"更改为"——湛江,相约中国大陆南端!",如图 7-12 所示。

图 7-12 插入背景

任务 11 设置动画效果

选择第 4 张幻灯片,对左边图片设置动画效果。选中左边图片,单击"动画"选项卡"动画"功能组中的"其他"下拉按钮,在弹出的下拉列表框的"进入"栏下选择"飞入"命令,单击"动画"功能组中的"效果选项"按钮,在弹出的下拉列表框中选择"自底部"命令。在"计时"功能组中"持续时间"框中输入"1"秒。根据上述操作,将右边图片的动画效果设为进入效果为"下浮浮入",触发方式为"单击时"。

任务 12 移动幻灯片、设置幻灯片切换效果

在幻灯片浏览视图中,单击第 5 张幻灯片,鼠标拖动至第 3 张幻灯片下方,使其成为第 4 张幻灯片。选择第 4 张幻灯片,单击"切换"选项卡"切换到此幻灯片"功能组中的"其他"下拉按钮,在下拉列表中"细微型"栏下选择"推进"命令,再单击"切换到此幻灯片"功能组中的"效果选项"按钮,在下拉列表中选择"自右侧"命令。选择第 2 张幻灯片,右键单击,在弹出的快捷菜单中,选择"删除幻灯片"菜单项。

任务 13 保存演示文稿,并放映该演示文稿

按 [Ctrl]+[S] 组合键保存演示文稿。单击 [F5] 键放映幻灯片,通过鼠标单击切换幻灯片,最终效果如图 7-13 所示。

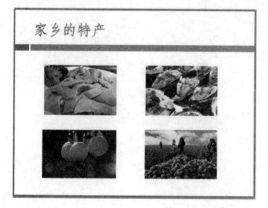

图 7-13 "我的家乡"演示文稿最终效果

实 验 思 考

(1) 如何快速在所有幻灯片中添加统一的图形？

(2) 如何设置文本为超链接？

(3) 什么是幻灯片主题？它的作用是什么？

(4) 自定义动画和切换方式的主要区别是什么？自定义动画分为几种类型？

(5) 如何在演示文稿中插入页眉和页脚？

项目 8　Microsoft PowerPoint 2010
综合训练

实 验 目 的

(1) 掌握演示文稿的编辑与对象插入(包括声音、影片、图片和图表)。

(2) 掌握演示文稿的外观设计(包括母版、配色方案等)。

(3) 掌握为幻灯片中的对象创建超级链接。

(4) 掌握幻灯片的放映方式。

实 验 内 容

(1) 建立一个名为"大学迎新会"的演示文稿,要求有不少于 4 张的幻灯片。

(2) 要求每张幻灯片都有美化。

(3) 要求设置必要的动画,且动画必须有声音,并且设置成单击鼠标产生相应的动作。

(4) 要求至少有两种不同的幻灯片切换方式,且设置成鼠标单击后切换。

实验中用到的所有文件,均在"PowerPoint 实验指导素材 2"文件夹中,请扫描二维码下载。

实 验 步 骤

任务 1　新建演示文稿

在 PowerPoint 2010 中新建空白演示文稿,完成如下操作:

1. 启动 PowerPoint 2010

双击 PowerPoint 2010 桌面快捷方式,如图 8-1 所示。

图 8-1　PowerPoint 2010 桌面快捷方式

2. 页面设置

打开 PowerPoint 2010 后,单击"设计"选项卡"页面设置"功能组中的"页面设置"按钮▣,弹出"页面设置"对话框,具体设置如图 8-2 所示。设置好后,单击【确定】按钮。

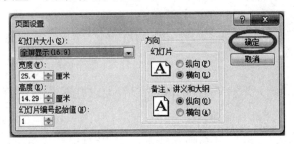

图 8-2　"页面设置"对话框

3. 选择版式

单击"开始"选项卡"幻灯片"功能组中的"版式"下拉按钮▤,展开版式下拉列表,选择"仅标题"版式,如图 8-3 所示。

4. 编辑母版

选择"视图"选项卡"母版视图"功能组中的"幻灯片母版"按钮▤,切换到编辑母版的模式下,在母版的页脚区的右边输入文字"更多精彩 http://www.zhjpec.edu.cn/"。单击"幻灯片母版"选项卡"关闭"功能组中的"关闭母版视图"按钮☒,关闭母版视图。

5. 添加标题文字

在第一张幻灯片标题占位符中输入文字"青春新征程　迈进新时代",并设置文字属性为字体 60 号、华文隶书、加粗,如图 8-4 所示。

图 8-3　版式列表

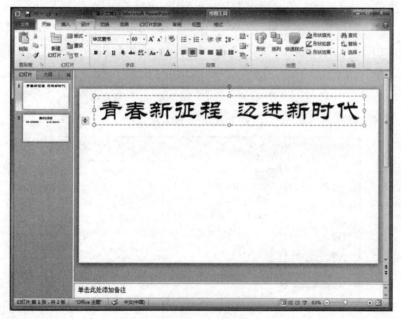

图 8-4　输入文字

6. 新建幻灯片

单击"开始"选项卡"幻灯片"功能组中的"新建幻灯片"下拉按钮，在下拉列表中选择"比较"版式，在标题占位符中输入"美丽的舞蹈"，在左上文本占位符中输入"舞蹈《喜鹊喳喳喳》"，在右上文本占位符中输入"幼儿舞《弄堂记忆》"，如图 8-5 所示。然后保存文件并命名为"青春新征程　迈进新时代"，格式为".ppt"。

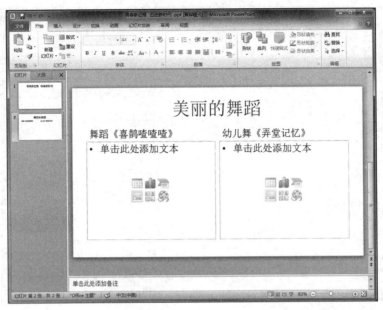

图 8-5　"比较"版式幻灯片效果

7. 艺术字

(1)选择第一张幻灯片,单击标题"青春新征程 迈进新时代"。

(2)单击"绘图工具 | 格式"选项卡"艺术字样式"功能组中的"文本效果"下拉按钮 A,在弹出的下拉列表中选择"转换"命令,在弹出的次级列表中选择"跟随路径"中"上弯弧"。

(3)单击"绘图工具 | 格式"选项卡"大小"功能组右下方的对话框启动器 ,打开"设置形状格式"对话框,具体参数的设置如图 8-6 所示。

图 8-6　"设置形状格式"对话框

（4）单击"绘图工具 | 格式"选项卡"艺术字样式"功能组右下方的对话框启动器，打开"设置文本效果格式"对话框，具体参数的设置如图 8-7 所示。

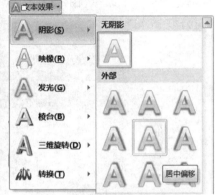

图 8-7　"设置文本效果格式"对话框　　　　　　图 8-8　设置阴影

在"文本填充"选项卡中选中"渐变填充"单选按钮，在"预设颜色"下拉框中选择"彩虹出岫Ⅱ"，"类型"下拉框中选择"线性"，"方向"下拉框中选择"线性向右"，"角度"框中输入"35°"。在"文本边框"选项卡中，选中"无线条"单选按钮。

（5）单击"绘图工具 | 格式"选项卡"艺术字样式"功能组中的"文本效果"下拉按钮，在弹出的下拉列表中选择"阴影"命令，在弹出的次级列表中选择"外部"中的"居中偏移"，如图 8-8 所示。

（6）最终保存文件，并命名为"大学迎新会"，文件格式为".pptx"。效果如图 8-9所示。

图 8-9　最终效果

任务 2 编辑演示文稿

在 PowerPoint 2010 中打开演示文稿"大学迎新会 .pptx",完成如下操作:

1. 设置幻灯片背景

(1) 选择第一张幻灯片,单击"设计"选项卡"背景"功能组中的"背景样式"下拉按钮 背景样式 ,在下拉列表中选择"设置背景格式"命令,在打开的"设置背景格式"对话框填充选项卡中选择"图片或纹理填充"单选按钮,在"插入自"标签下,单击【文件】按钮打开"插入图片"对话框,选择图片"背景 1.png",单击【插入】按钮,如图 8-10 所示。

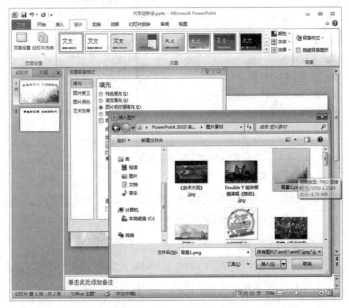

图 8-10 设置幻灯片背景

(2) 修改幻灯片背景的艺术效果。按上述方式打开"设置背景格式"对话框,在"艺术效果"选项卡中单击"艺术效果"下拉按钮 ,在下拉列表中选择"马赛克气泡",关闭"设置背景格式"对话框,查看效果,如图 8-11 所示。

图 8-11 设置幻灯片背景的艺术效果

2. 插入图片

　　(1)选择第一张幻灯片,单击"插入"选项卡"图像"功能组中的"图片"按钮 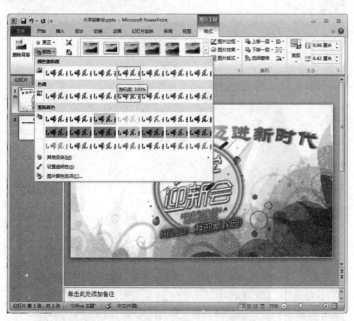,打开"插入图片"对话框,选择图片"大学迎新会 .png",单击【插入】按钮。插入图片后,再选择该图片对象,在"图片工具 | 格式"选项卡"大小"功能组中,设置高度为"10 厘米",单击右下角对话框启动器 ,打开"设置图片格式"对话框,在"位置"选项卡中,设置水平为"7.5 厘米",垂直为"3 厘米"。

　　(2)缩小 PowerPoint 2010 的窗口,在桌面拖曳两张图片进第一张幻灯片,分别是"湛江幼儿师专校徽 .png"和"湛江幼儿师专校名 .jpg",实现快速插入图片,凭感觉随意拖曳图片,大小满意即可,但需确保图片不变形。

　　(3)第一张幻灯片中选定图片"湛江幼儿师专校名",单击"图片工具 | 格式"选项卡"调整"功能组中的"颜色"下拉按钮 ,在弹出的下拉列表"重新着色"栏中选择"红色,强调文字颜色 2 浅色"命令,如图 8-12 所示。

图 8-12　调整图片颜色

　　(4)在第一张幻灯片中插入图片"鹰 .png",放置在合适的位置并调整大小,如图 8-13 所示。

　　(5)选择第二张幻灯片,在左下角文本占位符中单击"插入来自文件的图片"按钮 ,选择插入图片"舞蹈《喜鹊喳喳喳》.jpg",在右下角文本占位符中单击"插入来自文件的图片"按钮 ,选择插入图片"幼儿舞《弄堂记忆》.jpg",效果如图 8-14 所示。

　　(6)新建第三张幻灯片,版式为"空白",移动第三张幻灯片,使其成为第二张幻灯片,设计第二张幻灯片的背景样式为图片"背景 2.jpg"。

　　(7)选择第二张幻灯片,插入图片"节目表 .png",选择该图片,单击"图片工具 | 格式"选项卡"调整"功能组中的"删除背景"按钮 ,标记要保留的区域(文字),或标记要删除的区域,实现背景的透明。在幻灯片的左上角也同时插入图片"湛江幼儿师专校徽 .png"

和"湛江幼儿师专校名 .jpg",设置其背景为透明。

图 8-13 插入图片"鹰 .png"

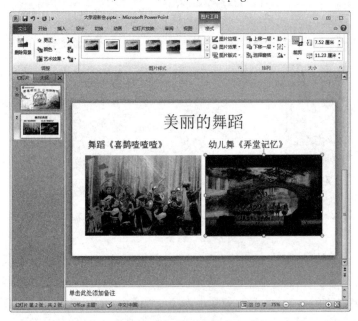

图 8-14 美丽的舞蹈

(8) 选择第二张幻灯片,单击"插入"选项卡"插图"功能组中的"形状"下拉按钮 🔘,在弹出的下拉列表"基本形状"栏下选择"双大括号"命令,设置双大括号样式的效果直至满意,如图 8-15 所示。

图 8-15　第二张幻灯片效果

3. 插入 SmartArt 图形

(1)选择第三张幻灯片,单击"插入"选项卡"插图"功能组中的"SmartArt"按钮，打开"选择 SmartArt 图形"对话框,选择"列表"选项卡中的"垂直框列表"命令,单击【确定】按钮,即在幻灯片中插入了垂直框列表。在垂直框列表中输入节目表单,如图 8-16 所示。

图 8-16　节目名称

(2) 选择垂直列表框中的节目名称,右键单击,在弹出的快捷菜单中选中"更改形状"命令和"设置形状格式"命令,对其"形状轮廓""形状填充"的颜色进行修改,最终效果如图 8-17 所示。最后保存文件。

图 8-17   "节目名称"颜色修改

任务 3   演示文稿美化

在 PowerPoint 2010 中打开演示文稿"大学迎新会 .pptx",完成如下操作:

1. 设置动画效果

(1) 为第一张幻灯片的对象设置动画效果。选中"大学迎新会"图片,单击"动画"选项卡"动画"功能组中的"其他"下拉按钮 ,在下拉列表强调栏下选择"放大 / 缩小"效果。单击"高级动画"功能组中的"动画窗格"按钮 ,在右侧弹出"动画窗格"小窗口,单击窗口中动画右侧的下拉箭头,在弹出的菜单中选择"计时"菜单项,打开"放大 / 缩小"对话框,设置计时"期间"为"慢速(3 秒)","重复"为"直到幻灯片末尾",设置效果"平滑开始"和"平滑结束"均为"1.35 秒",设置"开始"为"上一动画之后"。

(2) 为第二张幻灯片的对象设置动画效果。选择垂直列表框中的节目名称,单击"动画"选项卡"动画"功能组中的"其他"下拉按钮 ,在弹出的下拉列表中选择"进入"栏下的"浮入"效果,其效果选项设置为"下浮"。

2. 设置幻灯片切换效果

(1) 为第一张幻灯片设置切换效果。利用项目 7 任务 12 中的方法,设置幻灯片切换效果为"闪耀",且选择"从左侧闪耀的菱形",如图 8-18 所示。

图 8-18　幻灯片切换效果

(2) 为第二张幻灯片设置切换效果。设置幻灯片切换效果为"推进",选择"自底部推进"。

(3) 为第三张幻灯片设置切换效果。设置幻灯片切换效果为"涟漪",且选择"从右下部涟漪"。

任务 4　创建超链接

选中第二张幻灯片,选择已插入的图片"湛江幼儿师专校徽 .png"或"湛江幼儿师专校名 .jpg",单击"插入"选项卡"链接"功能组中的"超链接"按钮 🔗,或右键单击图片弹出快捷菜单,选择"超链接"菜单项,在弹出的"插入超链接"对话框中,在"地址"框中输入"http://www.zhjpec.edu.cn/",再单击【确认】按钮,如图 8-19 所示。

任务 5　插入对象(声音、视频)

(1)选中第三张幻灯片的两张图片,在这两张图片的右下角分别插入音频。单击"插入"选项卡"媒体"功能组中的"音频"下拉按钮 🔊,在弹出的下拉列表中选择"文件中的音频"命令,打开"插入音频"对话框,选择需要插入的音频文件即可。

(2)新建一张"空白"版式的幻灯片,单击"插入"选项卡"媒体"功能组中的"视频"下拉按钮 🎬,在弹出的下拉列表中选择"文件中的视频"命令,打开"插入视频"对话框,选择需要插入的视频文件即可。

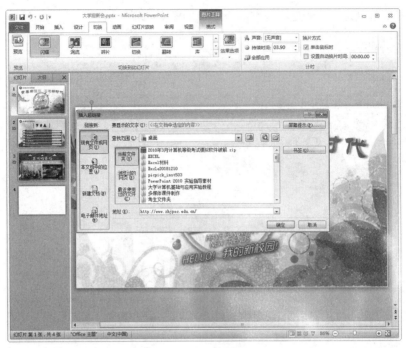

图 8-19　插入超链接

任务 6　播放幻灯片

第三张、第四张幻灯片的美化由读者自己完成。

按 [F5] 键或单击视图按钮的"幻灯片放映"按钮 ⬚,或利用"幻灯片放映"选项卡"开始放映幻灯片"功能组中的相关按钮进行幻灯片放映,所有幻灯片的效果如图 8-20 所示。

图 8-20　"大学迎新会"演示文稿最终效果

任务 7　将演示文稿打包成 CD

选择需要打包的幻灯片,单击"文件"选项卡下的"保存并发送"命令,然后双击"将演示文稿打包成 CD"命令,弹出"打包成 CD"对话框,单击【复制到文件夹】按钮则会将演示文稿打包到指定的文件夹中,若单击【复制到 CD】按钮,则会将演示文稿打包到 CD 上。

实 验 思 考

(1)如何将设计模板只应用于单张幻灯片?

(2)如何设置文本为不同颜色的超链接?

(3)自定义动画的设置内容有哪些? 如何设置自定义动画?

(4)幻灯片放映有哪些设置,这些设置适合哪些场合?

项目 9　计算机网络实验

实 验 目 的

(1)掌握 Internet Explorer 8(IE 8)浏览器的基本设置和使用。

(2)掌握申请邮箱的方法。

(3)掌握使用 Microsoft Outlook Express(以下简称 Outlook Express)收发邮件。

实 验 内 容

设置 IE 浏览器,申请邮箱,使用 Outlook Express 收发邮件。

实 验 步 骤

任务 1　启动 IE 8 浏览器

单击"开始"按钮 ▨ 选择"所有程序 | Internet Explorer 8"命令,启动 IE 8 浏览器,如图 9-1 所示。

任务 2　访问网站

方法一,在地址栏输入域名"www.baidu.com",进入百度搜索页面,如图 9-2 所示。

方法二,在地址栏输入 IP 地址"119.75.217.109",进入百度搜索页面,如图 9-3 所示。

图 9-1　IE 浏览器启动后的窗口

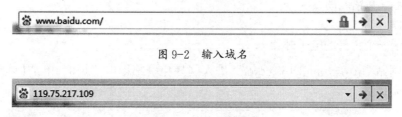

图 9-2　输入域名

图 9-3　输入 IP 地址

任务 3　收藏网站

方法一，打开网站"http://www.zhjpec.edu.cn/"，单击左上角"添加到收藏夹栏"按钮 。

方法二，单击"收藏夹"按钮 ，打开下拉菜单，选择"添加到收藏夹栏"命令，打开"添加收藏"对话框，如图 9-4 所示。

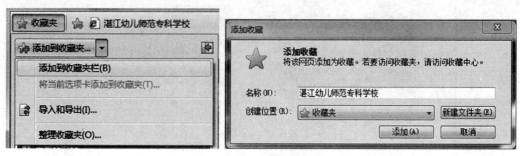

图 9-4　添加网页至收藏夹

图 9-5 "Internet 选项"对话框

任务 4　IE 8 浏览器的基本设置

选择 IE 8 浏览器中的"工具"菜单下的"Internet 选项"命令，打开"Internet 选项"对话框，选择常规选项卡。

在"主页"标签的"地址"文本框中，填入自己喜欢的网站，作为 IE 8 浏览器的起始主页，如"http://www.zhjpec.edu.cn/"，如图 9-5 所示。

在"浏览历史记录"标签中单击【设置】按钮，在弹出的"Internet 临时文件和历史记录设置"对话框中单击【查看文件】按钮，查看 Internet 临时文件。在"浏览器历史记录"标签中单击【删除】按钮，可删除 Internet 临时文件。

任务 5　电子邮箱的使用

1. 申请一个免费的电子邮箱

打开网站"https://mail.163.com/"，进入网易免费邮箱申请页面，单击【注册】按钮，如图 9-6 所示。

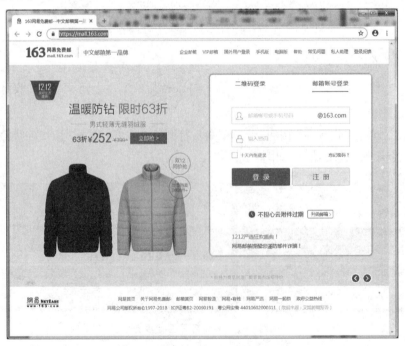

图 9-6　163 网易免费邮箱

进入注册页面后,按照页面提示选择"注册字母邮箱",或"注册手机号码邮箱",并按提示填写邮件地址和密码等,如图 9-7 所示。

2. 邮箱的使用

登录邮箱,首页的功能主要包括收件箱、草稿箱、已发送、通信录、搜索框等。

收件箱用来接收别人发送的邮件;草稿箱用来保存待发送邮件;已发送是指使用者发送给其他人的邮件;在搜索框内可以根据关键字、日期等检索邮箱中的邮件。

在通信录中可以添加朋友、同事等人的邮箱号等联系方式,方便以后使用。可以根据需要建立分组,将通信录中不同的人置于不同的组别中,如图 9-8 所示。

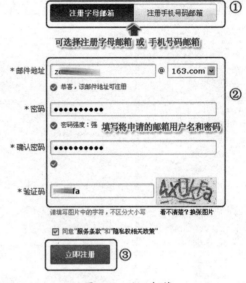

图 9-7 注册邮箱

图 9-8 邮箱首页

如果平时很少查看邮件,收到邮件时就难以及时回复。可以在邮箱中设置"自动回复"。

单击邮箱首页顶端的【设置】菜单,在弹出的下拉菜单中选择"常规设置"菜单项,在"自动回复 / 转发"标签下勾选"在以下时间段内启用"单选按钮,将时间段设置得足够长即可,并编辑回复内容,单击【保存】按钮完成设置,如图 9-9 所示。以后收到邮件时,邮箱都会自动进行回复。

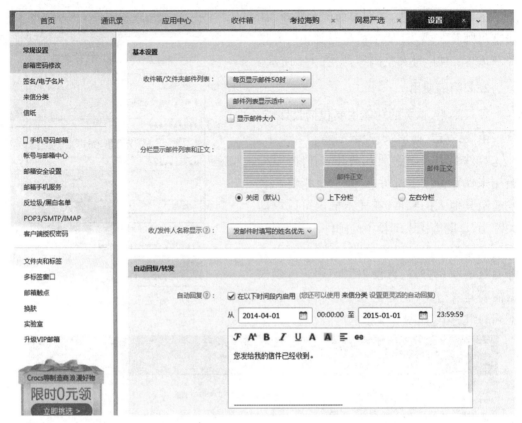

图 9-9　自动回复设置

任务 6　在 Outlook Express 中设置账号

（1）启动 Outlook Express，打开 Outlook Express 窗口。

（2）单击"工具"菜单弹出下拉菜单，选择"账户 | Internet 账户"菜单项，打开"Internet 账户"对话框，单击【添加】按钮，打开"Internet 连接向导"对话框，以添加"邮件"，如图 9-10 所示。

（3）在"Internet 连接向导——您的姓名"对话框"显示名"文本框中输入用户名（由英文字母、数字等组成，该名称将出现在外发邮件的"发件人"字段）。单击【下一步】按钮，弹出"Internet 连接向导——Internet 电子邮件地址"对话框，在"电子邮件地址"文本框中输入电子邮件地址。单击【下一步】按钮，弹出"Internet 连接向导——电子邮件服务器名"对话框，分别输入发送和接收电子邮件服务器名。

（4）设置好邮件服务器之后，单击【下一步】按钮，弹出"Internet 连接向导——Internet Mail 登录"对话框，在其中输入"账户名"和"密码"，单击【下一步】按钮，在弹出的"Internet 连接向导——祝贺您"对话框中单击【完成】按钮，这样刚刚添加的电子邮件就显示在里面了。

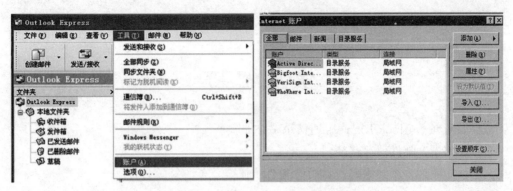

图 9-10　Outlook Express 邮箱账号设置

任务 7　使用 Outlook Express 发邮件

1. 发送电子邮件

(1)单击"新建"按钮 ,弹出"新邮件"窗口。

(2)认识"新邮件"窗口。

收件人:应填收件人的电子邮件地址。如"neilchung@student.com"。

抄送可以不填。

主题:用于说明该信的内容,以便收件人知道信的来源、内容。例如,输入"生日快乐"。

正文:发邮件的主要内容。例如,输入"祝你生日快乐!"如图 9-11 所示。

(3)单击【发送】按钮,完成邮件的发送。

2. 添加附件。

单击"插入"选项卡"添加"功能组中的"附加文件"按钮 ,在弹出的"插入文件"对话框中进行设置。

图 9-11　发送邮件

实 验 思 考

(1) 如何在 Outlook Express 通信录中添加联系人?

(2) 如何设置邮件保存路径?

(3) 如何添加多个邮箱账户? 如腾讯 QQ 邮箱、139 邮箱等。

习 题

第 一 章

一、选择题

1.完整的计算机系统由( )组成。

  A.运算器、控制器、存储器、输入设备和输出设备

  B.主机和外部设备

  C.硬件系统和软件系统

  D.主机箱、显示器、键盘、鼠标、打印机

2.以下软件中,( )不是操作系统软件。

  A. Windows XP   B. UNIX

  C. Linux   D. Microsoft Office

3.用一个字节最多能编出( )个不同的码。

  A. 8   B. 16   C. 128   D. 256

4.任何程序都必须加载到( )中才能被 CPU 执行。

  A.磁盘   B.硬盘   C.内存   D.外存

5.下列设备中,属于输出设备的是( )。

  A.显示器   B.键盘   C.鼠标   D.手写板

6.计算机信息计量单位中的 k 代表( )。

  A. 10^2 B. 2^{10} C. 10^3 D. 2^8

7. RAM 代表的是( )。

  A.只读存储器   B.高速缓存器

  C.随机存储器   D.软盘存储器

8.组成计算机的 CPU 的两大部件是( )。

  A.运算器和控制器   B.控制器和寄存器

  C.运算器和内存   D.控制器和内存

9.在描述信息的传输率时,bps 表示的是( )。

  A.每秒传输的字节数   B.每秒传输的指令数

  C.每秒传输的字数   D.每秒传输的位数

10. 微型计算机的内存容量主要指( )的容量。

    A. RAM　　　　B. ROM　　　　C. CMOS　　　　D. Cache

11. 十进制数 27 对应的二进制数为( )。

    A. 1011　　　　B. 1100　　　　C. 10111　　　　D. 11011

12. 将回收站中的文件还原时,被还原的文件将回到( )。

    A. 桌面上　　　　　　　　　　B. "我的文档" 中

    C. 内存中　　　　　　　　　　D. 被删除的位置

13. 计算机的三类总线中,不包括( )。

    A. 控制总线　　　　　　　　　B. 地址总线

    C. 传输总线　　　　　　　　　D. 数据总线

14. 操作系统按其功能关系分为系统层、管理层和( )三个层次。

    A. 数据层　　　　　　　　　　B. 逻辑层

    C. 用户层　　　　　　　　　　D. 应用层

15. 汉字的拼音输入码属于汉字的( )。

    A. 外码　　　　B. 内码　　　　C. ASCII 码　　　　D. 标准码

16. 算法的基本结构中不包括( )。

    A. 逻辑结构　　　　　　　　　B. 选择结构

    C. 循环结构　　　　　　　　　D. 顺序结构

17. 用 C 语言编写的程序需要用( )程序翻译后计算机才能识别。

    A. 汇编　　　　B. 编译　　　　C. 解释　　　　D. 连接

18. 可被计算机直接执行的程序是由( )语言编写的程序。

    A. 机器　　　　B. 汇编　　　　C. 高级　　　　D. 网络

19. 关系数据库中的数据逻辑结构是( )。

    A. 层次结构　　　　　　　　　B. 树形结构

    C. 网状结构　　　　　　　　　D. 二维表格

20. 用以太网形式构成的局域网,其拓扑结构为( )。

    A. 环型　　　　B. 总线型　　　　C. 星型　　　　D. 树型

二、判断题

1. 计算机软件系统分为系统软件和应用软件两大部分。　　　　　　( )

2. 三位二进制数对应一位八进制数。　　　　　　　　　　　　　　( )

3. 一个正数的反码与其原码相同。　　　　　　　　　　　　　　　( )

4. USB 接口只能连接 U 盘。　　　　　　　　　　　　　　　　　( )

5. 世界上第一台电子计算机诞生于 1946 年。　　　　　　　　　　( )

6. 世界上首次提出存储程序计算机体系结构的是冯·诺依曼。　　　( )

7. 世界上第一台电子计算机采用的主要逻辑部件是电子管。　　　　( )

8. 微型计算机硬件系统的性能主要取决于内存储器。　　　　　　　( )

第 二 章

一、选择题

1. 操作系统是( )的接口。

  A. 用户与软件   B. 系统软件与应用软件

  C. 主机与外设   D. 用户与计算机

2. Windows 7 中采用( )结构来组织和管理文件。

  A. 线型   B. 星型   C. 树型   D. 网型

3. Windows 7 中用来进行"复制"的组合键是( )。

  A. [Ctrl]+[A]   B. [Ctrl]+[C]

  C. [Ctrl]+[V]   D. [Ctrl]+[X]

4. Windows 7 中用来进行"粘贴"的组合键是( )。

  A. [Ctrl]+[A]   B. [Ctrl]+[C]

  C. [Ctrl]+[V]   D. [Ctrl]+[X]

5. 在以下 4 个字符中,( )不能作为一个文件的文件名的组成部分。

  A. A   B. *   C. $ D. 8

6. Windows 7 是一种( )软件。

  A. 信息管理   B. 实时控制

  C. 文字处理   D. 系统

7. Windows 7 是一个可同时运行多个程序的操作系统,当多个程序被依次启动运行时,屏幕上显示的是( )。

  A. 最初一个程序窗口   B. 最后一个程序窗口

  C. 系统的当前窗口   D. 多窗口叠加

8. 在 Windows 7 中,"桌面"指的是( )。

  A. 整个屏幕   B. 全部窗口

  C. 某个窗口   D. 活动窗口

9. 在 Windows 7 的资源管理器中,不能对文件或文件夹进行更名操作的是( )。

  A. 单击"文件"菜单中的"重命名"命令

  B. 右键单击要更名的文件或文件夹,选择快捷菜单中的"重命名"命令

  C. 快速双击要更名的文件或文件夹

  D. 第一次单击选中文件,再在文件名处单击,键入新名字

10. 不属于 Windows 7 的任务栏组成部分的是( )。

  A.「开始」菜单   B. "应用程序任务"按钮

  C. 通知区域   D. "最大化窗口"按钮

11. Windows 7 中,「开始」菜单一般位于屏幕的(　　)。

　　A. 右下角　　　　B. 左下角　　　　C. 左上角　　　　D. 右上角

12. 控制面板可以在(　　)中找到。

　　A. 计算机　　　　　　　　　B.「开始」菜单

　　C. 网络　　　　　　　　　　D. 帮助和支持

13. 用户若要打开在桌面和「开始」菜单中找不到的程序,可以在(　　)中查找。

　　A. 帮助　　　　　　　　　　B. 关机

　　C. 文档　　　　　　　　　　D. 搜索程序和文件

14. 在 Windows 7 窗口中,标题栏位于窗口的(　　)。

　　A. 顶端　　　　　　B. 底端　　　　　　C. 两侧　　　　　D. 中间

15. 切换中英文输入法的组合键是(　　)。

　　A. [Ctrl]+[Space]　　　　　　B. [Alt]+[Space]

　　C. [Shift]+[Space]　　　　　　D. [Tab]+[Space]

16. 在资源管理器中要执行全部选定命令可以利用组合键(　　)。

　　A. [Ctrl]+[S]　　　　　　　　B. [Ctrl]+[V]

　　C. [Ctrl]+[A]　　　　　　　　D. [Ctrl]+[C]

17. 要删除文件夹,在鼠标选定后可以按(　　)键。

　　A. [Ctrl]　　　　　B. [Delete]　　　　C. [Insert]　　　　D. [Home]

18. 要永久删除一个文件可以按(　　)组合键。

　　A. [Ctrl]+[End]　　　　　　　B. [Ctrl]+[Delete]

　　C. [Shift]+[Delete]　　　　　　D. [Alt]+[Delete]

19. 在 Windows 7 中,按 [Print Screen] 键,则使整个桌面显示的内容(　　)。

　　A. 打印到打印纸上　　　　　　B. 打印到指定文件

　　C. 复制到指定文件　　　　　　D. 复制到剪贴板

20. 对快捷方式理解正确的是(　　)。

　　A. 删除快捷方式等于删除文件

　　B. 建立快捷方式可以减少打开文件夹、找文件夹的麻烦

　　C. 快捷方式不能被删除

　　D. 打印机不可建立快捷方式

21. 在 Windows 的窗口菜单中,若某命令项后面有向右的黑三角,则表示该命令项(　　)。

　　A. 有下级子菜单　　　　　　　B. 单击可直接执行

　　C. 双击可直接执行　　　　　　D. 右键单击可直接执行

二、判断题

1. 计算机软件系统分为系统软件和应用软件两大部分。　　　　　　　　　(　　)

2. Windows 7 中,文件夹的命名不能带扩展名。　　　　　　　　　　　　(　　)

3. 将 Windows 7 应用程序窗口最小化后,该程序将立即关闭。　　　　　　(　　)

4. WPS 是一种办公自动化软件。　　　　　　　　　　　　　　（　　）

5. 汇编程序就是用多种语言混合编写的程序。　　　　　　　　（　　）

6. Windows 7 中的文件夹实际代表的是外存储介质上的一个存储区域。（　　）

7. 多媒体计算机中的扫描仪属于感觉媒体。　　　　　　　　　　（　　）

第 三 章

一、选择题

1. Word 2010 是（　　）。

　　A. 字处理软件　　　　　　　　　　B. 系统软件

　　C. 硬件　　　　　　　　　　　　　D. 操作系统

2. 在 Word 2010 的文档窗口进行最小化操作（　　）。

　　A. 会将指定的文档关闭　　　　　　B. 会关闭文档及其窗口

　　C. 文档的窗口和文档都没关闭　　　D. 会将指定的文档从外存中读入，并显示出来

3. 若想在屏幕上显示常用工具栏，应当使用（　　）。

　　A.“视图”菜单中的命令　　　　　　B.“格式”菜单中的命令

　　C.“插入”菜单中的命令　　　　　　D.“工具”菜单中的命令

4. 能显示页眉和页脚的方式是（　　）。

　　A. 普通视图　　　B. 页面视图　　　C. 大纲视图　　　D. 全屏幕视图

5. 在 Word 2010 中，如果要使图片周围环绕文字，应选择（　　）操作。

　　A.“绘图”工具栏中“文字环绕”列表中的“四周环绕”

　　B.“图片”工具栏中“文字环绕”列表中的“四周环绕”

　　C.“常用”工具栏中“文字环绕”列表中的“四周环绕”

　　D.“格式”工具栏中“文字环绕”列表中的“四周环绕”

6. 在 Word 2010 中，对表格添加边框应执行（　　）操作。

　　A.“格式”菜单中的“边框和底纹”对话框中的“边框”标签项

　　B.“表格”菜单中的“边框和底纹”对话框中的“边框”标签项

　　C.“工具”菜单中的“边框和底纹”对话框中的“边框”标签项

　　D.“插入”菜单中的“边框和底纹”对话框中的“边框”标签项

7. 在 Word 2010 主窗口的右上角，可以同时显示的按钮是（　　）。

　　A.“最小化”“还原”和“最大化”　　B.“还原”“最大化”和“关闭”

　　C.“最小化”“还原”和“关闭”　　　D.“还原”和“最大化”

8. 新建 Word 2010 文档的组合键是（　　）。

　　A. [Ctrl]+[N]　　　　　　　　　　B. [Ctrl]+[O]

　　C. [Ctrl]+[C]　　　　　　　　　　D. [Ctrl]+[S]

9. Word 2010 在编辑一个文档完毕后,要想知道它打印后的结果,可使用( )功能。

　　A. 打印预览　　　　　　　　　　B. 模拟打印

　　C. 提前打印　　　　　　　　　　D. 屏幕打印

10. 若要删除 Word 2010 表格中的某单元格所在行,则应选择"删除单元格"对话框中的
　　( )。

　　A. 右侧单元格左移　　　　　　　B. 下方单元格上移

　　C. 整行删除　　　　　　　　　　D. 整列删除

二、判断题

1. Word 2010 保存文档格式时,只能是 Word 2010 文件类型,不能是其他类型。　　( )

2. Word 2010 既能编辑文稿,又能编辑图片。　　( )

3. Word 2010 中没有统计功能。　　( )

4. 在 Word 2010 中如果想把表格转化成文本,只有一步一步地删除表格线。　　( )

5. 在 Word 2010 中查找字符时,搜索方向只能向下搜索,不能向上搜索。　　( )

6. Word 2010 文档从打印机输出时,一次可打印多份文档。　　( )

7. 在 Word 2010 中,可以打开在"记事本"中建立的文件。　　( )

8. 在 Word 2010 中,"文件"菜单的底部一般可以列出最近使用过的所有文件。　　( )

9. 在 Word 2010 中标识一个列块,可以按下 [Shift] 键不放,用鼠标拖动来完成。　　( )

10. 在 Word 2010 文档中插入一幅图像,默认的情况下该图会位于文字之上。　　( )

11. 用 Word 2010 编辑文档时,插入的图片默认为嵌入版式。　　( )

第 四 章

一、选择题

1. 在 Excel 2010 中,工作表最多允许有( )行。

　　A. 1 048 576　　　B. 256　　　　　C. 245　　　　　D. 128

2. 新建一个工作簿后,默认的第一张工作表的名称为( )。

　　A. Excel 20101　　　B. Sheet1　　　C. Book1　　　D. 表 1

3. 在一个工作表中,要把光标快速移到最后一行的方法是( )。

　　A. 按 [Ctrl]+[↓] 组合键　　　　　B. 按 [Ctrl]+[End] 组合键

　　C. 拖动滚动条　　　　　　　　　　D. 按 [↓] 键

4. 在 Excel 2010 中,能退出 Excel 2010 的组合键是( )。

　　A. [Ctrl]+[W]　　　　　　　　　　B. [Shift]+[F4]

　　C. [Alt]+[F4]　　　　　　　　　　D. [Ctrl]+[F4]

5. 在 Excel 2010 中,单元格中输入数值时,当输入的长度超过单元格宽度时,数值将( )。

　　A. 四舍五入　　　　　　　　　　　B. 由科学计数法表示

C. 自动舍去　　　　　　　　　D. 以上都对

6. Excel 2010 中,在输入公式之前必须先输入( )符号。

　A. ?　　　　　　B. =　　　　　　C. @　　　　　　D. &

7. 区分不同工作表的单元格,要在地址前面增加( )。

　A. 工作簿名称　　　　　　　　B. 单元格名称

　C. 工作表名称　　　　　　　　D. Sheet

8. 在 Excel 2010 中,默认保存后的工作簿文件扩展名是( )。

　A. *.xlsx　　　　B. *.xls　　　　C. *.htm　　　　D. *.DOC

9. 在 Excel 2010 中,要录入身份证号,数字分类应选择( )格式。

　A. 常规　　　　　B. 数字(值)　　C. 科学计数　　D. 文本

10. Excel 2010 是一种( )工具。

　A. 画图　　　　　B. 上网　　　　C. 放幻灯片　　D. 电子表格处理

11. 在 Excel 2010 中,可同时打开( )个工作表。

　A. 64　　　　　　B. 125　　　　　C. 255　　　　　D. 任意多

12. 在 Excel 2010 中,下列不属于 "插入" 选项卡中的命令是( )。

　A. 表　　　　　　　　　　　　B. 数据透视表

　C. 柱形图　　　　　　　　　　D. 公式

13. 在 Excel 2010 中,工作表最多有( )列。

　A. 64　　　　　　B. 128　　　　　C. 256　　　　　D. 512

14. 在 Excel 2010 中,编辑栏的名称框显示为 A13,则表示( )。

　A. 第 1 列第 13 行　　　　　　B. 第 1 列第 1 行

　C. 第 13 列第 1 行　　　　　　D. 第 13 列第 13 行

15. 在 Excel 2010 中,"排序" 对话框中的 "递增" 和 "递减" 指的是( )。

　A. 数据的大小　　　　　　　　B. 排列次序

　C. 单元格的数目　　　　　　　D. 以上都不对

16. 在 Excel 2010 中,页眉和页脚的相关功能按钮在( )选项卡中。

　A. 开始　　　　　B. 页面布局　　C. 插入　　　　D. 视图

17. 在 Excel 2010 中,能说明对第二行第二列的单元格绝对地址引用的是( )。

　A. B$2　　　　　B.$B$2　　　　C. $B2　　　　　D. B2$

18. 打印 Excel 2010 的工作簿,应先进行页面设置,当选择页面标签时,不可以进行的设置是( )。

　A. 设置打印方向　　　　　　　B. 设置缩放比列

　C. 设置打印质量　　　　　　　D. 设置打印区域

19. 在 Excel 2010 中,系统默认一个工作簿包含 3 个工作表,用户对工作表( )。

　A. 可以增加或删除　　　　　　B. 不能增加或删除

　C. 只能增加　　　　　　　　　D. 只能删除

20. 在 Excel 2010 中,关于筛选数据的说法,正确的是(　　)。

　　A. 删除不符合设定条件的其他内容

　　B. 将改变不符合条件的其他行的内容

　　C. 筛选后仅显示符合用户设定筛选条件的某一值或符合一组条件的行

　　D. 将隐藏符合条件的内容

二、判断题

1. 在 Excel 2010 中,可以更改工作表的名称和位置。　　　　　　　　　　　　(　　)

2. 在 Excel 2010 中,只能清除单元格中的内容,不能清除单元格中的格式。　　(　　)

3. 在 Excel 2010 中,使用筛选功能只显示符合设定条件的数据而隐藏其他数据。　(　　)

4. Excel 工作表的数量可根据工作需要作适当增加或减少,并可以进行重命名、设置标签
　　颜色等相应的操作。　　　　　　　　　　　　　　　　　　　　　　　　(　　)

5. 在 Excel 2010 中,只能设置表格的边框,不能设置单元格边框。　　　　　　(　　)

6. 在 Excel 2010 中,不能进行超链接设置。　　　　　　　　　　　　　　　(　　)

7. 在 Excel 2010 中,只能用"套用表格格式"设置表格样式,不能设置单个单元格样式。
　　　　　　　　　　　　　　　　　　　　　　　　　　　　　　　　　　(　　)

8. 在 Excel 2010 中,后台"保存自动恢复信息的时间间隔"默认为 10 分钟。　　(　　)

9. 在 Excel 2010 中,执行"粘贴"命令时,只能粘贴单元格的数据,不能粘贴格式,公式批
　　注等其他信息。　　　　　　　　　　　　　　　　　　　　　　　　　　(　　)

10. 在编辑栏内只能输入公式,不能输入数据。　　　　　　　　　　　　　　　(　　)

第 五 章

一、选择题

1. 要设置幻灯片的切换效果以及切换方式时,应在(　　)选项卡中操作。

　　A. 开始　　　　　B. 设计　　　　　C. 切换　　　　　D. 动画

2. 要在幻灯片中插入表格、图片、艺术字、视频、音频等元素时,应在(　　)选项卡中操作。

　　A. 文件　　　　　B. 开始　　　　　C. 插入　　　　　D. 设计

3. 下面(　　)视图最适合移动、复制幻灯片。

　　A. 普通　　　　　　　　　　　B. 幻灯片浏览

　　C. 备注页　　　　　　　　　　D. 大纲

4. 在 PowerPoint 2010 中,(　　)设置能够应用幻灯片模板改变幻灯片的背景、标题字体
　　格式。

　　A. 幻灯片版式　　　　　　　　B. 幻灯片设计

　　C. 幻灯片切换　　　　　　　　D. 幻灯片放映

5. 在 PowerPoint 2010 中,通过( )设置后,单击 "从头开始" 放映后,幻灯片能够自动放映。

    A. 排练计时   B. 动画设置

    C. 自定义动画   D. 幻灯片设计

6. PowerPoint 2010 演示文稿和模板的扩展名是( )。

    A. doc 和 txt   B. html 和 ptr

    C. pot 和 ppt   D. pptx 和 pot

7. 以下不属于 PowerPoint 2010 视图方式的是( )。

    A. 幻灯片浏览   B. 大纲

    C. 普通   D. 讲义

8. 在 PowerPoint 2010 编辑状态下可以进行幻灯片间移动和复制操作的视图方式为( )。

    A. 幻灯片   B. 幻灯片浏览

    C. 幻灯片放映   D. 备注页

9. 在 PowerPoint 2010 中,可删除幻灯片的操作是( )。

    A. 在幻灯片放映视图中选中幻灯片,再按 [Del] 键

    B. 在幻灯片放映视图中选中幻灯片,再按 [Esc] 键

    C. 在幻灯片浏览视图中选中幻灯片,再按 [Del] 键

    D. 在幻灯片浏览视图中选中幻灯片,再按 [Esc] 键

10. 在 PowerPoint 2010 中,下列说法错误的是( )。

    A. 在文档中可以插入音乐

    B. 在文档中可以插入影片

    C. 在文档中插入多媒体内容后,放映时只能自动放映,不能手动放映

    D. 在文档中可以插入声音

11. 幻灯片的 "背景" 不可以是( )。

    A. 单一颜色   B. 双色渐变   C. 纹理填充   D. 动画

12. 在幻灯片放映时,从一张幻灯片过渡到下一张幻灯片,称为( )。

    A. 动作设置   B. 预设动画   C. 幻灯片切换   D. 自定义动画

13. 在 PowerPoint 2010 中,若为幻灯片中的对象设置进入效果为 "飞入",应在( )选项卡中设置。

    A. 动画   B. 设计   C. 视图   D. 幻灯片放映

14. 为了使所有幻灯片有统一的外观风格,可以通过设置( )实现。

    A. 配色方案   B. 母版

    C. 幻灯片版式   D. 幻灯片切换

15. PowerPoint 2010 中的图片不可以来自( )。

    A. 剪辑库   B. 自选图形   C. 指定文件   D. 应用程序

16. 添加与编辑幻灯片 "页眉与页脚" 操作的命令位于( )选项卡中。

A. 开始　　　　　B. 视图　　　　　C. 插入　　　　　D. 设计

17. 在 PowerPoint 2010 中,幻灯片(　)是一张特殊的幻灯片,包含已设定格式的占位符,这些占位符是为标题、主要文本和所有幻灯片中出现的背景项目而设置的。

A. 模板　　　　　B. 母版　　　　　C. 版式　　　　　D. 样式

18.(　)操作可以退出 PowerPoint 2010 的全屏放映模式。

A. 选择 "文件" 菜单中的 "退出" 命令　　　　　B. 按 [Ctrl]+[X] 组合键

C. 按 [Ctrl]+[F4] 组合键　　　　　D. 按 [Esc] 键

二、判断题

1. 在 PowerPoint 2010 中,创建和编辑的单页文档称为幻灯片。　　　　　(　)

2. 在 PowerPoint 2010 中,创建的一个文档就是一张幻灯片。　　　　　(　)

3. PowerPoint 2010 是 Windows 家族中的一员。　　　　　(　)

4. 设计制作电子演示文稿不是 PowerPoint 2010 的主要功能。　　　　　(　)

5. 幻灯片的复制、移动与删除一般在普通视图下完成。　　　　　(　)

6. 当创建空白演示文稿时,可包含任何颜色。　　　　　(　)

7. 幻灯片浏览视图是进入 PowerPoint 2010 后的默认视图。　　　　　(　)

8. 在 PowerPoint 2010 中使用文本框,在空白幻灯片上即可输入文字。　　　　　(　)

9. 在 PowerPoint 2010 的 "幻灯片浏览" 视图中可以给一张幻灯片或几张幻灯片中的所有对象添加相同的动画效果。　　　　　(　)

10. 在 PowerPoint 2010 幻灯片中,可以处理的最大字号是初号。　　　　　(　)

11. 幻灯片的切换效果是在两张幻灯片之间切换时发生的。　　　　　(　)

12. 母版以 .potx 为扩展名。　　　　　(　)

13. 在 PowerPoint 2010 幻灯片中,可以插入剪贴画、图片、声音、影片等信息。　　　　　(　)

14. PowerPoint 2010 具有动画功能,可使幻灯片中的各种对象以充满动感的形式展示在屏幕上。　　　　　(　)

第 六 章

一、选择题

1. 一般来说,域名 "www.tsinghua.edu.cn" 属于(　)。

A. 中国教育界　　　　　B. 中国工商界

C. 工商界　　　　　D. 网络机构

2. 计算机网络技术主要包含计算机技术和(　)。

A. 微电子技术　　　　　B. 通信技术

C. 数据处理技术　　　　　D. 自动化技术

3. 收发电子邮件,首先必须拥有(　)。

A. 电子邮箱   B. 上网账号

C. 中文菜单   D. 个人主页

4. IP 地址是由一组(　　)位的二进制数组成的。

 A. 8   B. 16   C. 32   D. 128

5. 计算机网络的目的是(　　)。

 A. 资源共享   B. 存储容量大

 C. 运算速度快   D. 运算精度高

6. 下列不属于网络拓扑结构形式的是(　　)。

 A. 分支   B. 环型   C. 总线型   D. 星型

7. 下列传输介质中,抗干扰能力最强的是(　　)。

 A. 微波   B. 光纤   C. 双绞线   D. 同轴电缆

8. 局域网的网络硬件主要包括服务器、工作站、网卡和(　　)。

 A. 网络拓扑结构   B. 微型机

 C. 传输介质   D. 网络协议

9. (　　)多用于同类局域网之间的互联。

 A. 中继器   B. 网桥   C. 路由器   D. 网关

10. Internet 上各种网络和各种不同类型的计算机相互通信的基础是(　　)协议。

 A. TCP/IP   B. SPX/IPX

 C. CSM/CD   D. CGBENT

11. 中国教育和科研计算机网络是(　　)。

 A. CHINANET   B. CSTENT

 C. CERNET   D. CGBNET

12. 下列关于 IP 地址的说法错误的是(　　)。

 A. IP 地址在 Internet 上是唯一的

 B. IP 地址由 32 位十进制数组成

 C. IP 地址是 Internet 上主机的数字标识

 D. IP 地址指出了该计算机连接到哪个网络上

13. 计算机网络的主要目标是(　　)。

 A. 分布处理   B. 将多台计算机连接起来

 C. 提高计算机可靠性 D. 共享软件、硬件和数据资源

14. 浏览 Web 网站必须使用浏览器,目前常用的浏览器是(　　)。

 A. Hotmail   B. Outlook Express

 C. Inter Exchange   D. Internet Explorer

15. 一台家用微型计算机要上 Internet 必须安装(　　)协议。

 A. TCP/IP   B. IEEE 802.2

 C. X.25   D. IPX/SPX

16. 通常一台计算机要接入互联网应安装的设备是(　　)。

    A. 网络操作系统　　　　　　　　B. 调制解调器或网卡

    C. 网络查询工具　　　　　　　　D. 游戏卡

17. IP 的中文含义是(　　)。

    A. 程序资源　　　　　　　　　　B. 网际协议

    C. 软件资源　　　　　　　　　　D. 文件资源

18. 一般情况下,校园网属于(　　)。

    A. LAN　　　　B. WAN　　　　C. MAN　　　　D. GAN

19. IE 是目前流行的浏览器软件,其主要功能之一是浏览(　　)。

    A. 文本文件　　　　　　　　　　B. 图像文件

    C. 多媒体文件　　　　　　　　　D. 网页文件

20. 下列各项中,非法的 IP 地址是(　　)。

    A. 126.96.2.6　　　　　　　　　B. 190.256.38.8

    C. 203.113.7.15　　　　　　　　D. 203.226.1.68

21. Internet 在中国被称为因特网或(　　)。

    A. 网中网　　　　　　　　　　　B. 国际互联网

    C. 国际联网　　　　　　　　　　D. 计算机网络系统

22. 目前网络传输介质中传输速率最高的是(　　)。

    A. 双绞线　　　　　　　　　　　B. 同轴电缆

    C. 光缆　　　　　　　　　　　　D. 电话线

23. 在下列四项中,不属于 OSI(开放系统互连)参考模型 7 个层次的是(　　)。

    A. 会话层　　　　　　　　　　　B. 数据链路层

    C. 应用层　　　　　　　　　　　D. 用户层

24. (　　)是网络的心脏,它提供了网络最基本的核心功能,如网络文件系统、存储器的管理和调度等。

    A. 服务器　　　　　　　　　　　B. 工作站

    C. 服务器操作系统　　　　　　　D. 通信协议

25. 计算机网络大体上由两部分组成,它们是通信子网和(　　)。

    A. 局域网　　　　　　　　　　　B. 计算机

    C. 资源子网　　　　　　　　　　D. 数据传输介质

26. 计算机病毒是指(　　)。

    A. 带细菌的磁盘　　　　　　　　B. 已损坏的磁盘

    C. 具有破坏性的特制程序　　　　D. 被破坏了的程序

27. 以下关于病毒的描述中,不正确的说法是(　　)。

    A. 对于病毒,最好的方法是采取"预防为主"的方针

    B. 杀毒软件可以抵御或清除所有病毒

C.恶意传播计算机病毒可能会是犯罪

D.计算机病毒都是人为制造的

28.下列属于计算机病毒特征的是(　　)。

A.模糊性　　　　B.高速性　　　　C.传染性　　　　D.危急性

二、判断题

1.协议是"水平的",即协议是控制对等实体之间的通信的规则。（　　）

2.服务是"垂直的",即服务是由下层向上层通过层间接口提供的。（　　）

3.一个信道的带宽越宽,则在单位时间内能够传输的信息量越小。（　　）

4.同一种媒体内传输信号的时延值在信道长度固定了以后是不可变的,不可能通过减低时延来增加容量。（　　）

5.数据链路不等同于链路,它在链路上加了控制数据传输的规程。（　　）

6.数据报服务是一种面向连接服务。（　　）

7.网络层的任务是选择合适的路由,使分组能够准确地按照地址找到目的地。（　　）

8.网络层的功能是在端节点和端节点之间实现正确无误的信息传送。（　　）

9.IP 地址包括网络号和主机号,所有的 IP 地址都是 24 位的唯一编码。（　　）

10.一个网络上的所有主机都必须有相同的网络号。（　　）

11.采用总线拓扑结构的计算机网络,在同一时刻只有两个结点可以通信。（　　）

12.用户可通过远程 (TELNET) 命令使自己的计算机暂时成为远程计算机的终端,直接调用远程计算机的资源和服务。（　　）

13.网卡一般插在计算机的扩展槽中,并且每一块网卡都有一个唯一的物理地址。（　　）

14.在 Internet 上,如果一台主机拥有自己独立的 IP 地址或域名地址,则使用 IP 地址或域名地址都能访问到这台主机。（　　）

15.广域网在地理上覆盖范围大,并且数据传输率通常比局域网高。（　　）

第 七 章

一、选择题

1.下面理论描述了亚马逊的商业模式的是(　　)。

A.长尾理论　　　　　　　　B.二八定律

C.六度空间理论　　　　　　D.冰山理论

2.大数据所带来的思维变革不包括(　　)。

A.不是随机样本而是全体数据

B.不是精确性而是混杂性

C.不是因果关系而是相关关系

D.不是歧视而是平等

3. 大数据是指不用随机分析这样的捷径,而采用( )的方法。

    A. 所有数据　　　　　　　　　B. 绝大部分数据

    C. 适量数据　　　　　　　　　D. 少量数据

4. 下面不属于大数据系统的必备要素的是( )。

    A. 云平台　　　　B. 物联网　　　　C. 数据　　　　D. 数据库

5. 下面陈述不正确的是( )。

    A. 大数据将实现科学决策

    B. 大数据使政府决策更加精准化

    C. 大数据彻底将群体性事件化解在萌芽状态

    D. 大数据将实现预测式决策

6. 第一个将大数据上升为国家战略的国家是( )。

    A. 中国　　　　B. 美国　　　　C. 英国　　　　D. 法国

7. 下面不属于大数据关键技术的是( )。

    A. 云计算　　　　　　　　　　B. 分布式文件系统

    C. 数据众包　　　　　　　　　D. 关系型数据库

8. 信息时代的三大定律不包括( )。

    A. 摩尔定律　　　　　　　　　B. 吉尔德定律

    C. 达律多定律　　　　　　　　D. 迈特卡尔夫定律

9. 大数据元年是指( )。

    A. 2010 年　　　　B. 2011 年　　　　C. 2012 年　　　　D. 2013 年

10. 人工智能的目的是让机器能够( ),以实现某些脑力劳动的机械化。

    A. 具有完全的智能　　　　　　B. 和人脑一样考虑问题

    C. 完全代替人　　　　　　　　D. 模拟、延伸和扩展人的智能

11. 下列关于人工智能的叙述不正确的有( )。

    A. 人工智能技术与其他科学技术相结合极大地提高了应用技术的智能化水平

    B. 人工智能是科学技术发展的趋势

    C. 因为人工智能的系统研究是从 20 世纪 50 年代才开始的,非常新,所以十分重要

    D. 人工智能有力地促进了社会的发展

12. 自然语言理解是人工智能的重要应用领域,下面列举中的( )不是它要实现的目标。

    A. 理解别人讲的话　　　　　　B. 对自然语言表示的信息进行分析、概括或编辑

    C. 欣赏音乐　　　　　　　　　D. 机器翻译

13. 下列不是知识表示法的是( )。

    A. 计算机表示法　　　　　　　B. 谓词表示法

    C. 框架表示法　　　　　　　　D. 产生式规则表示法

14. 关于“与 / 或”图表示知识的叙述,错误的有( )。

    A. 用“与 / 或”图表示知识方便使用程序设计语言表达,也便于计算机存储处理

B."与 / 或"图表示知识时一定同时有"与节点"和"或节点"

C."与 / 或"图能方便地表示陈述性知识和过程性知识

D.能用"与 / 或"图表示的知识不适宜用其他方法表示

15.一般来讲,下列属于人工智能语言的是( )。

A.VJ B.C# C.FoxPro D.LISP

16.专家系统是一个复杂的智能软件,它处理的对象是用符号表示的知识,处理的过程是( )的过程。

A.思考 B.回溯 C.推理 D.递归

17.确定性知识是指( )知识。

A.可以精确表示的 B.正确的

C.在大学中学到的知识 D.能够解决问题的

18.下列关于不精确推理过程的叙述错误的是( )。

A.不精确推理过程是从不确定的事实出发

B.不精确推理过程最终能够推出确定的结论

C.不精确推理过程是运用不确定的知识

D.不精确推理过程最终推出不确定性的结论

19.我国学者吴文俊院士在人工智能的( )领域做出了贡献。

A.机器证明 B.模式识别

C.人工神经网络 D.智能代理

20.1997年5月12日,轰动全球的人机大战中,"深蓝"战胜了国际象棋世界冠军卡斯帕罗夫,这是( )。

A.人工思维 B.机器思维

C.人工智能 D.机器智能

21.能对发生故障的对象(系统或设备)进行处理,使其恢复正常工作的专家系统是( )。

A.修理专家系统 B.诊断专家系统

C.调试专家系统 D.规划专家系统

22.下列( )不属于艾莎克·阿莫西夫提出的"机器人三定律"内容。

A.机器人不得伤害人,或坐视人受到伤害而无所作为

B.机器人应服从人的一切命令,但命令与 A 相抵触时例外

C.机器人必须保护自身的安全,但不得与 A,B 相抵触

D.机器人必须保护自身安全和服从人的一切命令。一旦冲突发生,以自保为先

二、判断题

1."大数据"是需要新处理模式才能具有更强的决策力、洞察发现力和流程优化能力的海量、高增长率和多样化的信息资产。 ( )

2.因为对原始数据的分析是在大规模水平上进行的,因此,大数据对不同的社会群体不会厚此薄彼,避免了基于群体的歧视。 ( )

3. 在环境治理过程中,我们可以借助大数据的数据开放性,鼓励更多公众和更多社会力量参与环境保护。 （　　）

4. 近年来出现的行为金融学认为,社交网络媒体中隐藏的征兆可以用来预测股市变动的趋势。 （　　）

5. 关系型数据库仍然是大数据处理中的关键技术。 （　　）

6. 大数据本质上只是一场技术变革。 （　　）

7. 大数据思维认为海量数据结合复杂算法在应用中更加有效。 （　　）

8. 自然语言理解是人工智能的重要应用领域,自动程序设计不是自然语言理解要实现的目标。 （　　）

9. 形象描写表示法是人工智能中常用的知识格式化表示方法。 （　　）

10. "与/或"图就是用"与"节点和"或"节点组合起来的树形图,用来描述某类问题的求解过程。 （　　）

11. 一般来讲,PROLOG 属于人工智能语言。 （　　）

12. 不确定性知识是不可以精确表示的。 （　　）

全国计算机等级考试一级 MS Office 考试大纲

(2018 年版)

基 本 要 求

1. 具有微型计算机的基础知识(包括计算机病毒的防治常识)。

2. 了解微型计算机系统的组成和各部分的功能。

3. 了解操作系统的基本功能和作用,掌握 Windows 的基本操作和应用。

4. 了解文字处理的基本知识,熟练掌握文字处理 MS Office Word 的基本操作和应用,熟练掌握一种汉字(键盘)输入方法。

5. 了解电子表格软件的基本知识,掌握电子表格软件 MS Office Excel 的基本操作和应用。

6. 了解多媒体演示软件的基本知识,掌握演示文稿制作软件 MS Office PowerPoint 的基本操作和应用。

7. 了解计算机网络的基本概念和因特网(Internet)的初步知识,掌握 IE 浏览器软件和 Outlook Express 软件的基本操作和使用。

考 试 内 容

一、计算机基础知识

1. 计算机的发展、类型及其应用领域。

2. 计算机中数据的表示、存储与处理。

3. 多媒体技术的概念与应用。

4. 计算机病毒的概念、特征、分类与防治。

5. 计算机网络的概念、组成和分类;计算机与网络信息安全的概念和防控。

6. 因特网网络服务的概念、原理和应用。

二、操作系统的功能和使用

1. 计算机软、硬件系统的组成及主要技术指标。

2. 操作系统的基本概念、功能、组成及分类。

3. Windows 操作系统的基本概念和常用术语，文件、文件夹、库等。

4. Windows 操作系统的基本操作和应用：

(1) 桌面外观的设置，基本的网络配置。

(2) 熟练掌握资源管理器的操作与应用。

(3) 掌握文件、磁盘、显示属性的查看、设置等操作。

(4) 中文输入法的安装、删除和选用。

(5) 掌握检索文件、查询程序的方法。

(6) 了解软、硬件的基本系统工具。

三、文字处理软件的功能和使用

1. Word 的基本概念，Word 的基本功能和运行环境，Word 的启动和退出。

2. 文档的创建、打开、输入、保存等基本操作。

3. 文本的选定、插入与删除、复制与移动、查找与替换等基本编辑技术；多窗口和多文档的编辑。

4. 字体格式设置、段落格式设置、文档页面设置、文档背景设置和文档分栏等基本排版技术。

5. 表格的创建、修改；表格的修饰；表格中数据的输入与编辑；数据的排序和计算。

6. 图形和图片的插入；图形的建立和编辑；文本框、艺术字的使用和编辑。

7. 文档的保护和打印。

四、电子表格软件的功能和使用

1. 电子表格的基本概念和基本功能，MS Office Excel 的基本功能、运行环境、启动和退出。

2. 工作簿和工作表的基本概念和基本操作，工作簿和工作表的建立、保存和退出；数据输入和编辑；工作表和单元格的选定、插入、删除、复制、移动；工作表的重命名和工作表窗口的拆分和冻结。

3. 工作表的格式化，包括设置单元格格式、设置列宽和行高、设置条件格式、使用样式、自动套用模式和使用模板等。

4. 单元格绝对地址和相对地址的概念，工作表中公式的输入和复制，常用函数的使用。

5. 图表的建立、编辑和修改以及修饰。

6. 数据清单的概念，数据清单的建立，数据清单内容的排序、筛选、分类汇总，数据合并，数据透视表的建立。

7. 工作表的页面设置、打印预览和打印，工作表中链接的建立。

8.保护和隐藏工作簿和工作表。

五、MS Office PowerPoint 的功能和使用

1.中文 MS Office PowerPoint 的功能、运行环境、启动和退出。

2.演示文稿的创建、打开、关闭和保存。

3.演示文稿视图的使用，幻灯片基本操作（版式、插入、移动、复制和删除）。

4.幻灯片基本制作（文本、图片、艺术字、形状、表格等插入及其格式化）。

5.演示文稿主题选用与幻灯片背景设置。

6.演示文稿放映设计（动画设计、放映方式、切换效果）。

7.演示文稿的打包和打印。

六、因特网（Internet）的初步知识和应用

1.了解计算机网络的基本概念和因特网的基础知识，主要包括网络硬件和软件，TCP/IP 协议的工作原理，以及网络应用中常见的概念，如域名、IP 地址、DNS 服务等。

2.能够熟练掌握浏览器、电子邮件的使用和操作。

考 试 方 式

上机考试，考试时长 90 分钟，满分 100 分。

1. 题型及分值 。

单项选择题（计算机基础知识和网络的基本知识）20 分。

Windows 操作系统的使用 10 分。

Word 操作 25 分。

Excel 操作 20 分。

PowerPoint 操作 15 分。

浏览器（IE）的简单使用和电子邮件收发 10 分。

2.考试环境。

操作系统:中文版 Windows 7。

考试环境: Office 2010。

模拟试卷及参考答案

全国计算机等级考试一级 MS Office 考试(样题)

一、选择题

1. 计算机之所以按人们的意志自动进行工作,最直接的原因是因为采用了( )。

    A. 二进制数制   B. 高速电子元件

    C. 存储程序控制   D. 程序设计语言

2. 微型计算机主机的主要组成部分是( )。

    A. 运算器和控制器   B. CPU 和内存储器

    C. CPU 和硬盘存储器   D. CPU、内存储器和硬盘

3. 一个完整的计算机系统应该包括( )。

    A. 主机、键盘和显示器   B. 硬件系统和软件系统

    C. 主机和其他外部设备   D. 系统软件和应用软件

4. 计算机软件系统包括( )。

    A. 系统软件和应用软件   B. 编译系统和应用系统

    C. 数据库管理系统和数据库   D. 程序、相应的数据和文档

5. 微型计算机中,控制器的基本功能是( )。

    A. 进行算术和逻辑运算

    B. 存储各种控制信息

    C. 保持各种控制状态

    D. 控制计算机各部件协调一致地工作

6. 计算机操作系统的作用是( )。

    A. 管理计算机系统的全部软、硬件资源,合理组织计算机的工作流程,以达到充分发挥计算机资源的效率,为用户提供使用计算机的友好界面

    B. 对用户存储的文件进行管理,方便用户

    C. 执行用户键入的各类命令

    D. 为汉字操作系统提供运行基础

7. 计算机的硬件主要包括:CPU、存储器、输出设备和( )。

    A. 键盘   B. 鼠标   C. 输入设备   D. 显示器

8. 下列各组设备中,完全属于外部设备的一组是(　　)。

    A. 内存储器、磁盘和打印机　　　　B. CPU、软盘驱动器和 RAM

    C. CPU、显示器和键盘　　　　　　D. 硬盘、软盘驱动器、键盘

9. 五笔字型码输入法属于(　　)。

    A. 音码输入法　　　　　　　　　　B. 形码输入法

    C. 音形结合输入法　　　　　　　　D. 联想输入法

10. 一个 GB 2312 编码字符集中的汉字的机内码长度是(　　)。

    A. 32 位　　　　　　B. 24 位　　　　　　C. 16 位　　　　　　D. 8 位

11. RAM 的特点是(　　)。

    A. 断电后,存储在其内的数据将会丢失

    B. 存储在其内的数据将永久保存

    C. 用户只能读出数据,但不能随机写入数据

    D. 容量大但存取速度慢

12. 计算机存储器中,组成一个字节的二进制位数是(　　)。

    A. 4　　　　　　　　B. 8　　　　　　　　C. 16　　　　　　　D. 32

13. 微型计算机硬件系统中最核心的部件是(　　)。

    A. 硬盘　　　　　　B. I/O 设备　　　　C. 内存储器　　　　D. CPU

14. 无符号二进制整数 10111 转变成十进制整数,其值是(　　)。

    A. 17　　　　　　　B. 19　　　　　　　C. 21　　　　　　　D. 23

15. 一条计算机指令中,通常包含(　　)。

    A. 数据和字符　　　　　　　　　　B. 操作码和操作数

    C. 运算符和数据　　　　　　　　　D. 被运算数和结果

16. kB(千字节)是度量存储器容量大小的常用单位之一,1 kB 实际等于(　　)。

    A. 1 000 个字节　　　　　　　　　B. 1 024 个字节

    C. 1 000 个二进位　　　　　　　　D. 1 024 个字

17. 计算机病毒破坏的主要对象是(　　)。

    A. 磁盘片　　　　　　　　　　　　B. 磁盘驱动器

    C. CPU　　　　　　　　　　　　　D. 程序和数据

18. 下列叙述中,正确的是(　　)。

    A. CPU 能直接读取硬盘上的数据

    B. CPU 能直接存取内存储器中的数据

    C. CPU 由存储器和控制器组成

    D. CPU 主要用来存储程序和数据

19. 在计算机技术指标中,MIPS 用来描述计算机的(　　)。

    A. 运算速度　　　　　　　　　　　B. 时钟主频

    C. 存储容量　　　　　　　　　　　D. 字长

20.局域网的英文缩写是(　　)。

　　A.WAM　　　　　B.LAN　　　　　C.MAN　　　　　D.Internet

二、汉字录入(10分钟)

录入下列文字,方法不限,限时10分钟。

【文字开始】

万维网(World Wide Web 简称 Web)的普及促使人们思考教育事业的前景,尤其是在能够充分利用 Web 的条件下计算机科学教育的前景。有很多把 Web 有效地应用于教育的例子,但也有很多误解和误用。

【文字结束】

三、Windows 的基本操作(10分)

1.在考生文件夹下创建一个"BOOK"新文件夹。

2.将考生文件夹下"VOTUNA"文件夹中的"boyable.doc"文件复制到同一文件夹下,并命名为"syad.doc"。

3.将考生文件夹下"BENA"文件夹中的文件"PRODUCT.WRI"的"隐藏"和"只读"属性撤销,并设置为"存档"属性。

4.将考生文件夹下"JIEGUO"文件夹中的"piacy.txt"文件移动到考生文件夹中。

5.查找考生文件夹中的"anews.exe"文件,然后为它建立名为"RNEW"的快捷方式,并存放在考生文件夹下。

四、Word 操作题(25分)

1.打开考生文件夹下的 Word 文档"WD1.DOC",按要求对文档进行编辑、排版和保存:

(1)将文中的错词"负电"更正为"浮点"。将标题段文字("浮点数的表示方法")设置为小二号楷体 _GB2312、加粗、居中、并添加黄色底纹;将正文各段文字("浮点数是指……也有符号位。")设置为五号黑体;各段落首行缩进2个字符,左右各缩进5个字符,段前间距为2行。

(2)将正文第一段("浮点数是指……阶码。")中的"N=M•RE"的"E"变为"R"的上标。

(3)插入页眉,并输入页眉内容"第三章 浮点数",将页眉文字设置为小五号宋体,对齐方式为"右对齐"。

2.打开考生文件夹下的 Word 文档"WD2.DOC"文件,其操作要求如下:

(1)在表格的最后增加一列,列标题为"平均成绩";计算各考生的平均成绩并插入相应的单元格内,要求保留2位小数;再将表格中的各行内容按"平均成绩"的递减次序进行排序。

(2)表格列宽设置为2.5厘米,行高设置为0.8厘米;将表格设置成文字对齐方式为垂直和水平居中;表格内线设置成0.75磅实线,外框线设置成1.5磅实线,第1行标题行设置为灰色－25%的底纹;表格居中。

五、Excel 操作题(15 分)

打开考生文件夹中的 Excel 工作表,按要求对此工作表完成如下操作:

1. 将表中各字段名的字体设为楷体、12 号、斜体字。

2. 根据公式 "销售额 = 各商品销售额之和" 计算各季度的销售额。

3. 在合计一行中计算出各季度各种商品的销售额之和。

4. 将所有数据的显示格式设置为带千位分隔符的数值,保留两位小数。

5. 将所有记录按销售额字段升序重新排列。

六、PowerPoint 操作题(10 分)

打开考生文件夹下的演示文稿 "yswg.ppt",按要求完成操作并保存。

1. 幻灯片前插入一张 "标题" 幻灯片,主标题为 "什么是 21 世纪的健康人?",副标题为 "专家谈健康";主标题文字设置成隶书、54 磅、加粗;副标题文字设置成宋体、40 磅、倾斜。

2. 全部幻灯片用 "应用设计模板" 中的 "Soaring" 做背景;幻灯片切换使用中速、向下插入;标题和正文都设置成左侧飞入。最后预览结果并保存。

七、因特网操作题(10 分)

1. 某模拟网站的主页地址是 "http://localhost/djksweb/index.htm",打开此主页,浏览 "中国地理" 页面,将 "中国地理的自然数据" 的页面内容以文本文件的格式保存到考生目录下,命名为 "zrdl"。

2. 向阳光小区物业管理部门发一个 E-mail,反映自来水漏水问题。具体如下:

【收件人】wygl@sunshine.com.bj.cn

【抄送】

【主题】自来水漏水

【函件内容】"小区管理负责同志:本人看到小区西草坪中的自来水管漏水已有一天了,无人处理,请你们及时修理,免得造成更大的浪费。"

全国计算机等级考试一级 MS Office 仿真试题(一)

一、选择题

1. 下列度量单位中,用来度量计算机内存空间大小的是( )。
   A. Mb/s　　　　　B. MIPS　　　　B. GHz　　　　D. MB

2. 计算机病毒除通过读写或复制移动存储器上带病毒的文件传染外,另一条主要的传染途径是( )。
   A. 网络　　　　　　　　　B. 电源电缆
   C. 键盘　　　　　　　　　D. 输入有逻辑错误的程序

3. 计算机病毒的特点具有( )。
   A. 隐蔽性、可激发性、破坏性　　　B. 隐蔽性、破坏性、易读性
   C. 潜伏性、可激发性、易读性　　　D. 传染性、潜伏性、安全性

4. 下列叙述中错误的是( )。
   A. 计算机要经常使用,不要长期闲置不用
   B. 为了延长计算机的寿命,应避免频繁开关计算机
   C. 在计算机附近应避免磁场干扰
   D. 计算机用几小时后,应关机一会儿再用

5. 英文缩写 ISP 指的是( )。
   A. 电子邮局　　　　　　　B. 电信局
   C. Internet 服务商　　　　D. 供他人浏览的网页

6. 在因特网技术中,ISP 的中文全名是( )。
   A. 因特网服务提供商
   B. 因特网服务产品
   C. 因特网服务协议
   D. 因特网服务程序

7. 已知 A=10111110B, B=AEH, C=184D,关系成立的不等式是( )。
   A. A<B<C　　　B. B<C<A　　　C. B<A<C　　　D. C<B<A

8. 如果删除一个非零无符号二进制整数后的 2 个 0,则此数的值为原数( )。
   A. 4 倍　　　　　B. 2 倍　　　　C. 1/2　　　　D. 1/4

9. 1 GB 的准确值是( )。
   A. 1 024×1 024 Bytes　　　B. 1 024 kB
   C. 1 024 MB　　　　　　　D. 1 000×1 000 kB

10. 根据域名代码规定,com 代表( )。
    A. 教育机构　　　　　　　B. 网络支持中心
    C. 商业机构　　　　　　　D. 政府部门

二、基本操作

1. 将考生文件夹下"LI\QIAN"件夹中的文件夹"YANG"复制到考生文件夹下"WANG"文件夹中。

2. 将考生文件夹下"TIAN"文件夹中的文件"ARJ.EXP"设置成只读属性。

3. 在考生文件夹下"ZHAO"文件夹中建立一个名为"GIRL"的新文件夹。

4. 将考生文件夹下"SHEN\KANG"文件夹中的文件"BIAN.ARJ"移动到考生文件夹下"HAN"文件夹中,并改名为"QULIU.ARJ"。

5. 将考生文件夹下"FANG"文件夹删除。

三、字处理

在考生文件夹下打开文档"Word.docx",按照要求完成下列操作并以该文件名保存文档。

【文档开始】

WinImp 严肃工具简介

特点:WinImp是一款既有WinZip的速度,又兼有WinAce严肃率的文件严肃工具,界面很有亲和力。尤其值得一提的是,它的自安装文件才 27 kB,非常小巧。支持 ZIP、ARJ、RAR、GZIP、TAR 等严肃文件格式。严肃、解压、测试、校验、生成自解包、分卷等功能一应俱全。

基本使用:正常安装后,可在资源管理器中用右键菜单中的"Add to imp"及"Extract to…"项进行严肃和解压。

评价:因机器档次不同,严肃时间很难准确测试,但与 WinZip 大致相当,应当说是相当快了;而严肃率测试采用了 WPS 2000 及 Word 97 作为样本,测试结果如表1所示。

表1 WinZip, WinRar, WinImp 严肃工具测试结果比较

严肃对象	WinZip	WinRar	WinImp
WPS 2000(33 MB)	13.8 MB	13.1 MB	11.8 MB
Word 97(31.8 MB)	14.9 MB	14.1 MB	13.3 MB

【文档结束】

(1)将文中所有错词"严肃"替换为"压缩"。将页面颜色设置为黄色(标准色)。

(2)将标题段("WinImp 压缩工具简介")设置为小三号宋体、居中,并为标题段文字添加蓝色(标准色)阴影边框。

(3)设置正文("特点……如表 1 所示。")各段落中的所有中文文字为小四号楷体、西文文字为小四号 Arial 体;各段落悬挂缩进 2 字符,段前间距 0.5 行。

(4)将文中最后 3 行统计数字转换成一个 3 行 4 列的表格,表格样式采用内置样式"浅色底纹—强调文字颜色 2"。

(5)设置表格居中、表格列宽为 3 厘米、表格所有内容水平居中、并设置表格底纹为"白色,背景 1,深色 25%"。

四、电子表格

1. 在考生文件夹下打开"Excel.xlsx"文件：

(1)将 Sheet1 工作表命名为"销售情况统计表"，然后将工作表的"A1：G1"单元格合并为一个单元格，内容水平居中；计算"上月销售额"和"本月销售额"列的内容(销售额＝单价 × 数量，数值型，保留小数点后 0 位)；计算"销售额增长率"列的内容(销售额增长率＝(本月销售额 – 上月销售额)/ 上月销售额，百分比型，保留小数点后 1 位)。

(2)选取"产品型号"列、"上月销售量"列和"本月销售量"列内容，建立"簇状柱形图"，图表标题为"销售情况统计图"，图例置底部；将图表插入到表的"A14：E27"单元格区域内，保存"Excel.xlsx"文件。

2. 打开工作簿文件"exc.xlsx"，对工作表"产品销售情况表"内数据清单的内容按主要关键字"产品名称"的降序次序和次要关键字"分公司"的降序次序进行排序，完成对各产品销售额总和的分类汇总，汇总结果显示在数据下方，工作表名不变，保存"exc.xlsx"工作簿。

五、演示文稿

打开考生文件夹下的演示文稿"yswg.pptx"，按照下列要求完成对此文稿的修饰并保存。

1. 使用"穿越"主题修饰全文，全部幻灯片切换方案为"擦除"，效果选项为"自左侧"。

2. 将第二张幻灯片版式改为"两栏内容"，将第三张幻灯片的图片移到第二张幻灯片右侧内容区，图片动画效果设置为"轮子"，效果选项为"3 轮辐图案"。

3. 将第三张幻灯片版式改为"标题和内容"，标题为"公司联系方式"，标题设置为"黑体""加粗""59"磅字。内容部分插入 3 行 4 列表格，表格的第一行 1~4 列单元格依次输入"部门""地址""电话"和"传真"，第一列的 2、3 行单元格内容分别是"总部"和"中国分部"。其他单元格按第一张幻灯片的相应内容填写。

4. 删除第一张幻灯片，并将第二张幻灯片移为第三张幻灯片。

全国计算机等级考试一级 MS Office 仿真试题(二)

一、选择题

1. 对 CD-ROM 可以进行的操作是( )。
   A. 读或写
   B. 只能读不能写
   C. 只能写不能读
   D. 能存不能取

2. 第 II 代电子计算机所采用的电子元件是( )。
   A. 继电器
   B. 晶体管
   C. 电子管
   D. 集成电路

3. 无符号二进制整数 01011010 转换成十进制整数是( )。
   A. 80
   B. 82
   C. 90
   D. 92

4. 十进制数 39 转换成二进制整数是( )。
   A. 100011
   B. 100101
   C. 100111
   D. 100011

5. 在微型计算机中,普遍采用的字符编码是( )。
   A. BCD 码
   B. ASCII 码
   C. EBCD 码
   D. 补码

6. 已知汉字"家"的区位码是 2850,则其国标码是( )。
   A. 4870D
   B. 3C52H
   C. 9CB2H
   D. A8D0H

7. 下列说法中,正确的是( )。
   A. 同一个汉字的输入码的长度随输入方法不同而不同
   B. 一个汉字的机内码与它的国标码是相同的,且均为 2 字节
   C. 不同汉字的机内码的长度是不相同的
   D. 同一汉字用不同的输入法输入时,其机内码是不相同的

8. 计算机的操作系统是( )。
   A. 计算机中使用最广的应用软件
   B. 计算机系统软件的核心
   C. 微机的专用软件
   D. 微机的通用软件

9. 操作系统是计算机的软件系统中( )。
   A. 最常用的应用软件
   B. 最核心的系统软件
   C. 最通用的专用软件
   D. 最流行的通用软件

10. 计算机在工作中尚未进行存盘操作,如果突然断电,则计算机中的( )会全部丢失,再次通电后也不能完全恢复?
    A. ROM 与 RAM 中的信息
    B. RAM 中的信息
    C. ROM 中的信息
    D. 硬盘中的信息

二、基本操作

1. 将考生文件夹下"FENG\WANG"文件夹中的文件"BOOK.PRG"移动到考生文件夹下"CHANG"文件夹中,并将该文件改名为"TEXT.PRG"。

2. 将考生文件夹下"CHU"文件夹中的文件"JIANG.TMP"删除。

3. 将考生文件夹下"REI"文件夹中的文件"SONG.FOR"复制到考生文件夹下"CHENG"文件夹中。

4. 在考生文件夹下"MAO"文件夹中建立一个新文件夹"YANG"。

5. 将考生文件夹下"ZHOU\DENG"文件夹中的文件"OWER.DBF"设置为隐藏属性。

三、字处理

在考生文件夹下打开文档"Word.docx",按照要求完成下列操作并以该文件名(Word.docx)保存文档。

【文档开始】

中国偏食元器件市场发展态势

90 年代中期以来,外商投资踊跃,合资企业积极内迁。日本最大的偏食元器件厂商村田公司以及松下、京都陶瓷和美国摩托罗拉都已在中国建立合资企业,分别生产偏食陶瓷电容器、偏食电阻器和偏食二极管。

我国偏食元器件产业是在 80 年代彩电国产化的推动下发展起来的。先后从国外引进了 40 多条生产线。目前国内新型电子元器件已形成了一定的产业基础,对大生产技术和工艺逐渐有所掌握,已初步形成了一些新的增长点。

对中国偏食元器件生产的乐观估计是,到 2005 年偏食元器件产量可达 3 500~4 000亿只,年均增长 30%,偏食化率达 80%。

近年来中国偏食元器件产量一览表(单位:亿只)

产品类型	1998 年	1999 年	2000 年
片式多层陶瓷电容器	125.1	413.3	750
片式钽电解电容器	5.1	6.5	9.5
片式铝电解电容器	0.1	0.1	0.5
片式有机薄膜电容器	0.2	1.1	1.5
半导体陶瓷电容器	0.3	1.6	2.5
片式电阻器	125.2	276.1	500
片式石英晶体器件	0.0	0.01	0.1
片式电感器、变压器	1.5	2.8	3.6

【文档结束】

(1)将文中所有错词"偏食"替换为"片式"。设置页面纸张大小为"16K(18.4×26厘米)"。

(2)将标题段文字("中国片式元器件市场发展态势")设置为三号红色黑体、居中、段后间距 0.8 行。

(3)将正文第一段（"90 年代中期以来……片式二极管。"）移至第二段（"我国……新的增长点。"）之后；设置正文各段落（"我国……片式化率达 80%。"）右缩进 2 字符。设置正文第一段（"我国……新的增长点。"）首字下沉 2 行（距正文 0.2 厘米）；设置正文其余段落（"90 年代中期以来……片式化率达 80%。"）首行缩进 2 字符。

(4)将文中最后 9 行文字转换成一个 9 行 4 列的表格，设置表格居中，并按 "2000 年" 列升序排序表格内容。

(5)设置表格第一列列宽为 4 厘米、其余列列宽为 1.6 厘米、表格行高为 0.5 厘米；设置表格外框线为 1.5 磅蓝色(标准色)双实线、内框线为 1 磅蓝色(标准色)单实线。

四、电子表格

1. 打开工作簿文件 "Excel.xlsx"：

(1)将 Sheet1 工作表命名为 "回县比率表"，然后将工作表的 "A1：D1" 单元格合并为一个单元格，内容水平居中；计算 "分配回县 / 考取比率" 列内容(分配回县 / 考取比率 = 分配回县人数 / 考取人数，百分比，保留小数点后面两位)；使用条件格式将 "分配回县 / 考取比率" 列内大于或等于 50% 的值设置为红色、加粗。

(2)选取 "时间" 和 "分配回县 / 考取比率" 两列数据，建立 "带平滑线和数据标记的散点图" 图表，设置图表样式为 "样式 4"，图例位置靠上，图表标题为 "分配回县 / 考取比率散点图"，将图表插入到表的 "A12:D27" 单元格区域内。

2. 打开工作簿文件 "exc.xlsx"，对工作表 "产品销售情况表" 内数据清单的内容按主要关键字 "分公司" 的升序次序和次要关键字 "产品类别" 的降序次序进行排序，完成对各分公司销售量平均值的分类汇总，各平均值保留小数点后 0 位，汇总结果显示在数据下方，工作表名不变，保存 "exc.xlsx" 工作簿。

五、演示文稿

打开考生文件夹下的演示文稿 "yswg.pptx"，按照下列要求完成对此文稿的修饰并保存。

1. 最后一张幻灯片前插入一张版式为 "仅标题" 的新幻灯片，标题为 "领先同行业的技术"，在位置(水平：3.6 厘米，自：左上角，垂直：10.7 厘米，自：左上角)插入样式为 "填充 - 蓝色，强调文字颜色 2，暖色粗糙棱台" 的艺术字 "Maxtor Storage for the World"，且文字均居中对齐。艺术字文字效果为 "转换-跟随路径-上弯弧"，艺术字宽度为 18 厘米。将该幻灯片向前移动，作为演示文稿的第一张幻灯片，并删除第五张幻灯片。将最后一张幻灯片的版式更换为 "垂直排列标题与文本"。第二张幻灯片的内容区文本动画设置为 "进入" "飞入"，效果选项为 "自右侧"。

2. 第一张幻灯片的背景设置为 "水滴" 纹理，且隐藏背景图形；全文幻灯片切换方案设置为 "棋盘"，效果选项为 "自顶部"，放映方式为 "观众自行浏览"。

全国计算机等级考试一级 MS Office 仿真试题(三)

一、选择题

1.目前,打印质量最好的打印机是( )。

　　A.针式打印机　　　　　　　　B.点阵打印机

　　C.喷墨打印机　　　　　　　　D.激光打印机

2.字长是 CPU 的主要性能指标之一,它表示( )。

　　A.CPU 一次能处理二进制数据的位数

　　B.最长的十进制整数的位数

　　C.最大的有效数字位数

　　D.计算结果的有效数字长度

3.用 GHz 来衡量计算机的性能,它指的是计算机的( )。

　　A.CPU 时钟主频　　　　　　　B.存储器容量

　　C.字长　　　　　　　　　　　D.CPU 运算速度

4.在计算机领域中通常用 MIPS 来描述( )。

　　A.计算机的运算速度　　　　　B.计算机的可靠性

　　C.计算机的可运行性　　　　　D.计算机的可扩充性

5.随着 Internet 的发展,越来越多的计算机感染病毒的可能途径之一是( )。

　　A.从键盘上输入数据

　　B.通过电源线

　　C.所使用的光盘表面不清洁

　　D.通过 Internet 的 E-mail,在电子邮件的信息中

6.下列属于计算机感染病毒迹象的是( )。

　　A.设备有异常现象,如显示怪字符,磁盘读不出

　　B.在没有操作的情况下,磁盘自动读写

　　C.装入程序的时间比平时长,运行异常

　　D.以上说法都是

7.根据汉字国标 GB 2312–80 的规定,1 kB 存储容量可以存储汉字的内码个数是( )。

　　A.1 024　　　　B.512　　　　C.256　　　　D.约 341

8.感染计算机病毒的原因之一是( )。

　　A.不正常关机　　　　　　　　B.光盘表面不清洁

　　C.错误操作　　　　　　　　　D.从网上下载文件

9.Internet 实现了分布在世界各地的各类网络的互联,其最基础和核心的协议是( )。

　　A.HTTP　　　　B.TCP/IP　　　　C.HTML　　　　D.FTP

10.调制解调器(Modem)的主要技术指标是数据传输速率,它的度量单位是( )。

　　A.MIPS　　　　B.Mbps　　　　C.dpi　　　　D.kB

二、基本操作

1. 将考生文件夹下"MICRO"文件夹中的文件"SAK.PAS"删除。

2. 在考生文件夹下"POP\PUT"文件夹中建立一个名为"HUM"的新文件夹。

3. 将考生文件夹下"COON\FEW"文件夹中的文件"RAD.FOR"复制到考生文件夹下"ZUM"文件夹中。

4. 将考生文件夹下"UEM"文件夹中的文件"MACRO.NEW"设置成隐藏和只读属性。

5. 将考生文件夹下"MEP"文件夹中的文件"PGUP.FIP"移动到考生文件夹下"QEEN"文件夹中,并改名为"NEPA.JEP"。

三、字处理

1. 在考生文件夹下,打开文档"Word1.docx",按照要求完成下列操作并以该文件名(Word1.docx)保存文档。

【文档开始】

"星星连珠"会引发灾害吗?

"星星连珠"时,地球上会发生什么灾变吗? 答案是:"星星连珠"发生时,地球上不会发生什么特别的事件。不仅对地球,就是对其他星星、小星星和彗星也一样不会产生什么特别影响。

为了便于直观的理解,不妨估计一下来自星星的引力大小。这可以运用牛顿的万有引力定律来进行计算。

科学家根据 6 000 年间发生的"星星连珠",计算了各星星作用于地球表面一个 1 千克物体上的引力。其中最强的引力来自太阳,其次是来自月球。与来自月球的引力相比,来自其他星星的引力小得微不足道。就算"星星连珠"像拔河一样形成合力,其影响与来自月球和太阳的引力变化相比,也小得可以忽略不计。

【文档结束】

(1)将标题段文字("星星连珠"会引发灾害吗?)设置为蓝色(标准色)小三号黑体、加粗、居中。

(2)设置正文各段落("'星星连珠'时,……可以忽略不计。")左右各缩进 0.5 字符、段后间距 0.5 行。将正文第一段("'星星连珠'时,……特别影响。")分为等宽的两栏、栏间距为 0.19 字符、栏间加分隔线。

(3)设置页面边框为红色 1 磅方框。

2. 在考生文件夹下,打开文档"Word2.docx",按照要求完成下列操作并以该文件名(Word2.docx)保存文档。

【文档开始】

职工号	单位	姓名	基本工资／元	职务工资／元	岗位津贴／元
1031	一厂	王平	706	350	380
2021	二厂	李万全	850	400	420
3074	三厂	刘福来	780	420	500
1058	一厂	张雨	670	360	390

【文档结束】

(1) 在表格最右边插入一列,输入列标题"实发工资",计算出各职工的实发工资,并按"实发工资"列升序排列表格内容。

(2) 设置表格居中、表格列宽为 2 厘米,行高为 0.6 厘米、表格所有内容水平居中;设置表格所有框线为 1 磅红色单实线。

四、电子表格

1. 打开工作簿文件 "Excel.xlsx":

(1) 将 Sheet1 工作表重新命名为"工资对比表",然后将工作表中的"A1:G1"单元格合并为一个单元格,内容水平居中;根据提供的工资浮动率计算工资的浮动额;再计算浮动后工资;为"备注"列添加信息,如果员工的浮动额大于 800 元,在对应的备注列内填入"激励",否则填入"努力"(利用 if 函数);设置"备注"列的单元格样式为"40%-强调文字颜色 2"。

(2) 选取"职工号""原来工资"和"浮动后工资"列的内容,建立"堆积面积图",设置图表样式为"样式 28",图例位于底部,图表标题为"工资对比图",位于图的上方,将图插入到表的"A14:G33"单元格区域内。

2. 打开工作簿文件 "exc.xlsx",对工作表"产品销售情况表"内数据清单的内容建立数据透视表,行标签为"分公司",列标签为"产品名称",求和项为"销售额(万元)",并置于现工作表的"J6:N20"单元格区域,工作表名不变,保存"exc.xlsx"工作簿。

五、演示文稿

打开考生文件夹下的演示文稿"yswg.pptx",按照下列要求完成对此文稿的修饰并保存。

1. 在幻灯片的标题区中输入"中国的 DXF100 地效飞机",文字设置为"黑体""加粗"、54 磅字,红色(RGB 模式:红色 255, 绿色 0, 蓝色 0)。

插入版式为"标题和内容"的新幻灯片,作为第二张幻灯片。第二张幻灯片的标题内容为"DXF100 主要技术参数",文本内容为"可载乘客 15 人,装有两台 300 马力航空发动机。"。

第一张幻灯片中的飞机图片动画设置为"进入""飞入",效果选项为"自右侧"。

第二张幻灯片前插入一版式为"空白"的新幻灯片,并在位置(水平:5.3 厘米,自:左上角,垂直:8.2 厘米,自:左上角)插入样式为"填充-蓝色,强调文字颜色 2,粗糙棱台"的艺术字"DXF100 地效飞机",文字效果为"转换-弯曲-倒 V 形"。

2. 第二张幻灯片的背景预设颜色为"雨后初晴",类型为"射线",并将该幻灯片移为第一张幻灯片。全部幻灯片切换方案设置为"时钟",效果选项为"逆时针",放映方式为"观众自行浏览"。

全国计算机等级考试一级 MS Office 仿真试题(四)

一、选择题

1. 下列叙述中,错误的是( )。

    A. 硬盘在主机箱内,它是主机的组成部分

    B. 硬盘是外部存储器之一

    C. 硬盘的技术指标之一是每分钟的转速(rpm)

    D. 硬盘与 CPU 之间不能直接交换数据

2. 下列说法中,正确的是( )。

    A. 硬盘的容量远大于内存的容量

    B. 硬盘的盘片是可以随时更换的

    C. 优盘的容量远大于硬盘的容量

    D. 硬盘安装在机箱内,它是主机的组成部分

3. 英文缩写 CAD 的中文意思是( )。

    A. 计算机辅助教学   B. 计算机辅助制造

    C. 计算机辅助设计   D. 计算机辅助管理

4. 计算机内部采用的数制是( )。

    A. 十进制   B. 二进制   C. 八进制   D. 十六进制

5. 无符号二进制整数 1011010 转换成十进制数是( )。

    A. 88   B. 90   C. 92   D. 93

6. 十进制数 60 转换成二进制整数是( )。

    A. 0111100   B. 0111010   C. 0111000   D. 0110110

7. 在 ASCII 码表中,根据码值由小到大的排列顺序是( )。

    A. 控制符、数字符、大写英文字母、小写英文字母

    B. 数字符、控制符、大写英文字母、小写英文字母

    C. 控制符、数字符、小写英文字母、大写英文字母

    D. 数字符、大写英文字母、小写英文字母、控制符

8. 汉字输入码可分为有重码和无重码两类,下列属于无重码类的是( )。

    A. 全拼码   B. 自然码   C. 区位码   D. 简拼码

9. 一个完整的计算机软件应包含( )。

    A. 系统软件和应用软件   B. 编辑软件和应用软件

    C. 数据库软件和工具软件   D. 程序、相应数据和文档

10. 下列各组软件中,完全属于应用软件的一组是( )。

    A. UNIX、WPS Office 2013、MS-DOS

    B. AutoCAD、Photoshop、PowerPoint 2016

C. Oracle、FORTRAN 编译系统、系统诊断程序

D. 物流管理程序、Sybase、Windows 2012

二、基本操作

1. 将考生文件夹下 "KEEN" 文件夹设置成隐藏属性。

2. 将考生文件夹下 "QEEN" 文件夹移动到考生文件夹下 "NEAR" 文件夹中，并改名为 "SUNE"。

3. 将考生文件夹下 "DEER\DAIR" 文件夹中的文件 "TOUR.PAS" 复制到考生文件夹下 "CRY\SUMMER" 文件夹中。

4. 将考生文件夹下 "CREAM" 文件夹中的 "SOUP" 文件夹删除。

5. 在考生文件夹下建立一个名为 "TESE" 的文件夹。

三、字处理

1. 在考生文件夹下，打开文档 "Word1.docx"，按照要求完成下列操作并以该文件名（Word1.docx）保存文档。

【文档开始】

高校科技实力排名

由教委授权，uniranks.edu.cn 网站（一个纯公益性网站）6 月 7 日独家公布了 1999 年度全国高等学校科技统计数据和全国高校校办产业统计数据。据了解，这些数据是由教委科技司负责组织统计，全国 1 000 多所高校的科技管理部门提供的。因此，其公正性、权威性是不容置疑的。

根据 6 月 7 日公布的数据，目前我国高校从事科技活动的人员有 27.5 万人，1999 年全国高校通过各种渠道获得的科技经费为 99.5 亿元，全国高校校办产业的销售（经营）总收入为 379.03 亿元，其中科技型企业销售收入 267.31 亿元，占总额的 70.52%。为满足社会各界对确切、权威的高校科技实力信息的需要，本版特公布其中的 "高校科研经费排行榜"。

【文档结束】

(1) 将文中所有 "教委" 替换为 "教育部"，并设置为红色、斜体、加着重号。

(2) 将标题段文字（"高校科技实力排名"）设置为红色三号黑体、加粗、居中，字符间距加宽 4 磅。

(3) 将正文第一段（"由教育部授权，……权威性是不容置疑的。"）左右各缩进 2 字符，悬挂缩进 2 字符，行距 18 磅；将正文第二段（"根据 6 月 7 日，……，'高校科研经费排行榜'。"）分为等宽的两栏、栏间加分隔线。

2. 在考生文件夹下，打开文档 "Word2.docx"，按照要求完成下列操作并以该文件名（Word2.docx）保存文档。

(1) 插入一个 6 行 6 列表格，设置表格居中；设置表格列宽为 2 厘米、行高为 0.4 厘米；设置表格外框线为 1.5 磅绿色（标准色）单实线、内框线为 1 磅绿色（标准色）单实线。

(2) 将第一行所有单元格合并，并设置该行为黄色底纹。

四、电子表格

1. 打开工作簿文件 "Excel.xlsx"：

(1) 将工作表 Sheet1 更名为 "测试结果误差表"，然后将工作表的 "A1：E1" 单元格合并为一个单元格，内容水平居中；计算实测值与预测值之间的误差的绝对值，并置于 "误差（绝对值）" 列；评估 "预测准确度" 列，评估规则为："误差" 低于或等于 "实测值" 10% 的，"预测准确度" 为 "高误差" 大于 "实测值" 10% 的，"预测准确度" 为 "低"（使用正函数）；利用条件格式的 "数据条" 下的 "渐变填充" 修饰 "A3：C14" 单元格区域。

(2) 选择 "实测值" "预测值" 两列数据建立 "带数据标记的折线图"，图表标题为 "测试数据对比图"，位于图的上方，并将其嵌入到工作表的 "A17：E37" 区域中。

2. 打开工作簿文件 "exc.xlsx"，对工作表 "产品销售情况表" 内数据清单的内容建立数据透视表，行标签为 "分公司"，列标签为 "季度"，求和项为 "销售数量"，并置于现工作表的 "I8:M22" 单元格区域，工作表名不变，保存 "exc.xlsx" 工作簿。

五、演示文稿

打开考生文件夹下的演示文稿 "yswg.pptx"；按照下列要求完成对此文稿的修饰并保存。

1. 使用 "暗香扑面" 主题修饰全文，全部幻灯片切换方案为 "百叶窗"，效果选项为 "水平"。

2. 在第一张 "标题幻灯片" 中，主标题字体设置为 "Times New Roman"、47 磅字；副标题字体设置为 "Arial Nova" "加粗"、55 磅字。主标题文字颜色设置成蓝色（RGB 模式：红色 0，绿色 0，蓝色 230 ）。副标题动画效果设置为 "进入" "旋转"，效果选项为文本 "按字/词"。幻灯片的背景设置为 "白色大理石"。

第二张幻灯片的版式改为 "两栏内容"，原有信号灯图片移入左侧内容区，将第四张幻灯片的图片移动到第二张幻灯片右侧内容区。删除第四张幻灯片。

第三张幻灯片标题为 "Open-loop Control"，47 磅字，然后移动它成为第二张幻灯片。

全国计算机等级考试一级 MS Office 仿真试题(五)

一、选择题

1. 世界上公认的第 1 台电子计算机诞生的年份是( )。

　　A. 1943　　　　　B. 1946　　　　　C. 1950　　　　　D. 1951

2. 最早的应用领域是( )。

　　A. 信息处理　　　B. 科学计算　　　C. 过程控制　　　D. 人工智能

3. 以下正确的叙述是( )。

　　A. 十进制数可用 10 个数码,分别是 1～10

　　B. 一般在数字后面加一大写字母 B 表示十进制数

　　C. 二进制数只有两个数码:1 和 2

　　D. 在计算机内部信息都是用二进制编码形式表示的

4. 下列关于 ASCII 编码的叙述中,正确的是( )。

　　A. 国际通用的 ASCII 码是 8 位码

　　B. 所有大写英文字母的 ASCII 码值都小于小写英文字母 "a" 的 ASCII 码值

　　C. 所有大写英文字母的 ASCII 码值都大于小写英文字母 "a" 的 ASCII 码值

　　D. 标准 ASCII 码表有 256 个不同的字符编码

5. 汉字区位码分别用十进制的区号和位号表示,其区号和位号的范围分别是( )。

　　A. 0～94,0～94　　　　　　　　　B. 1～95,1～95

　　C. 1～94,1～94　　　　　　　　　D. 0～95,0～95

6. 在计算机指令中,规定其所执行操作功能的部分称为( )。

　　A. 地址码　　　　B. 源操作数　　　C. 操作数　　　D. 操作码

7. 1946 年首台电子数字计算机 ENIAC 问世后,冯·诺依曼在研制 EDVAC 计算机时,提出两个重要的改进,它们是( )。

　　A. 引入 CPU 和内存储器的概念

　　B. 采用机器语言和十六进制

　　C. 采用二进制和存储程序控制的概念

　　D. 采用 ASCII 编码系统

8. 下列叙述中,正确的是( )。

　　A. 高级程序设计语言的编译系统属于应用软件

　　B. 高速缓冲存储器(Cache)一般用 SRAM 来实现

　　C. CPU 可以直接存取硬盘中的数据

　　D. 存储在 ROM 中的信息断电后会全部丢失

9. 下列各存储器中,存取速度最快的是( )。

　　A. CD-ROM　　　B. 内存储器　　　C. 软盘　　　D. 硬盘

10. 并行端口常用于连接( )。

　　A. 键盘　　　　B. 鼠标器　　　C. 打印机　　　D. 显示器

二、基本操作

1. 将考生文件夹下"EDIT\POPE"文件夹中的的文件"CENT.PAS"设置为隐藏属性。

2. 将考生文件夹下"BROAD\BAND"文件夹中的文件"GRASS.FOR"删除。

3. 在考生文件夹下"COMP"文件夹中建立一个新文件夹"COAL"。

4. 将考生文件夹下"STUD\TEST"文件夹中的文件夹"SAM"复制到考生文件夹下的"KIDS\CARD"文件夹中,并将文件夹改名为"HAIL"。

5. 将考生文件夹下"CALIN\SUN"文件夹中的文件夹"MOON"移动到考生文件夹下"LION"文件夹中。

三、字处理

1. 在考生文件夹下,打开文档"Word1.docx",按照要求完成下列操作并以该文件名(Word1.docx)保存文档。

【文档开始】

绍兴东湖

东湖位于绍兴市东郊约 3 公里处,北靠 104 国道,西连城东新区,它以其秀美的湖光山色和奇兀实景而闻名,与杭州西湖、嘉兴南湖并称为浙江三大名湖。整个景区包括陶公洞、听湫亭、饮渌亭、仙桃洞、陶社、桂岭等游览点。

东湖原是一座青实山,从汉代起,实工相继在此凿山采实,经过一代代实工的鬼斧神凿,遂成险峻的悬崖峭壁和奇洞深潭。清末陶渊明的 45 代孙陶浚宣陶醉于此地之奇特风景而诗性勃发,便筑堤为界,使东湖成为堤外是河,堤内为湖,湖中有山,山中藏洞之较完整景观。又经过数代百余年的装点使东湖宛如一个巧夺天工的山、水、实、洞、桥、堤、舟楫、花木、亭台楼阁具全,秀、险、雄、奇于一体的江南水实大盆景。特别是现代泛光照射下之夜东湖,万灯齐放,流光溢彩,使游客置身于火树银花不夜天之中而流连忘返。

【文档结束】

(1)将文中所有"实"改为"石"。为页面添加内容为"锦绣中国"的文字水印。

(2)将标题段文字("绍兴东湖")设置为二号蓝色(标准色)空心黑体、倾斜、居中。

(3)设置正文各段落("东湖位于……流连忘返。")段后间距为 0.5 行,各段首字下沉 2 行(距正文 0.2 厘米);在页面底端(页脚)按"普通数字 3"样式插入罗马数字型("Ⅰ、Ⅱ、Ⅲ……")页码。

2. 在考生文件夹下,打开文档"Word2.docx",按照要求完成下列操作并以该文件名(Word2.docx)保存文档。

【文档开始】

姓名	数学	外语	政治	语文	平均成绩
王立	98	87	89	87	
李萍	87	78	68	90	
柳万全	90	85	79	89	
顾升泉	95	89	82	93	
周理京	85	87	90	95	

【文档结束】

(1)将文档内提供的数据转换为 6 行 6 列表格。设置表格居中、表格列宽为 2 厘米、表格中文字水平居中。计算各学生的平均成绩、并按"平均成绩"列降序排列表格内容。

(2)将表格外框线、第一行的下框线和第一列的右框线设置为 1 磅红色单实线,表格底纹设置为"白色,背景 1,深色 15%"。

四、电子表格

1. 在考生文件夹下打开"Excel.xlsx"文件:

(1)将工作表 Sheet1 更名为"降雨量统计表",然后将工作表的"A1:H1"单元格合并为一个单元格,单元格内容水平居中;计算"平均值"列的内容(数值型,保留小数点后 1 位);计算"最高值"行的内容并置于"B7:G7"内(某月三地区中的最高值,利用 MAX 函数,数值型,保留小数点后 2 位);将"A2:H7"数据区域设置为套用表格格式"表样式浅色 16"。

(2)选取"A2:G5"单元格区域内容,建立"带数据标记的折线图",图表标题为"降雨量统计图",图例靠右;将图插入到表的"A9:G24"单元格区域内,保存"Excel.xlsx"文件。

2. 打开工作簿文件"Excel.xlsx",对工作表"产品销售情况表"内数据清单的内容按主要关键字"分公司"的降序次序和次要关键字"产品名称"的降序次序进行排序,完成对各分公司销售额总和的分类汇总,汇总结果显示在数据下方,工作表名不变,保存"exc.xlsx"工作簿。

五、演示文稿

打开考生文件夹下的演示文稿"yswg.pptx",按照下列要求完成对此文稿的修饰并保存。

1. 使用"精装书"主题修饰全文,全部幻灯片切换方案为"蜂巢"。

2. 在第二张幻灯片前插入版式为"两栏内容"的新幻灯片,将第三张幻灯片的标题移到第二张幻灯片左侧,把考生文件夹下的图片文件"ppt1.png"插入到第二张幻灯片右侧的内容区,图片的动画效果设置为"进入""螺旋飞入",文字动画设置为"进入""飞入",效果选项为"自左下部"。动画顺序为先文字后图片。

3. 将第三张幻灯片版式改为"标题幻灯片",主标题输入"Module4",设置为"黑体"、55 磅字,副标题键入"Second Order Systems",设置为"楷体"、33 磅字。移动第三张幻灯片,使之成为整个演示文稿的第一张幻灯片。

全国计算机等级考试一级 MS Office 仿真试题（六）

一、选择题

1. 天气预报能为我们的生活提供良好的帮助，它属于计算机的（　）类应用。
   　A. 科学计算　　　　B. 信息处理　　　C. 过程控制　　　D. 人工智能

2. 已知某汉字的区位码是 3222，则其国标码是（　）。
   　A. 4252D　　　　　B. 5242H　　　　　C. 4036H　　　　　D. 5524H

3. 二进制数 101001 转换成十进制整数等于（　）。
   　A. 41　　　　　　　B. 43　　　　　　　C. 45　　　　　　　D. 39

4. 计算机软件系统包括（　）。
   　A. 程序、数据和相应的文档　　　　B. 系统软件和应用软件
   　C. 数据库管理系统和数据库　　　　D. 编译系统和办公软件

5. 若已知一汉字的国标码是 5E38H，则其内码是（　）。
   　A. DEB8　　　　　B. DE38　　　　　C. 5EB8　　　　　D. 7E58

6. 汇编语言是一种（　）。
   　A. 依赖于计算机的低级程序设计语言
   　B. 计算机能直接执行的程序设计语言
   　C. 独立于计算机的高级程序设计语言
   　D. 面向问题的程序设计语言

7. 用于汉字信息处理系统之间或者与通信系统之间进行信息交换的汉字代码是（　）。
   　A. 国标码　　　　B. 存储码　　　　C. 机外码　　　　D. 字形码

8. 构成 CPU 的主要部件是（　）。
   　A. 内存和控制器　　　　　　　　B. 内存、控制器和运算器
   　C. 高速缓存和运算器　　　　　　D. 控制器和运算器

9. 用高级程序设计语言编写的程序，要转换成等价的可执行程序，必须经过（　）。
   　A. 汇编　　　　　B. 编辑　　　　　C. 解释　　　　　D. 编译和连接

10. 下列各组软件中，全部属于应用软件的是（　）。
    　A. 程序语言处理程序、操作系统、数据库管理系统
    　B. 文字处理程序、编辑程序、UNIX 操作系统
    　C. 财务处理软件、金融软件、WPS Office 2016
    　D. Word 2016、Photoshop、Windows 7

二、基本操作

　1. 将考生文件夹下"TIUIN"文件夹中的文件"ZHUCE.BAS"删除。

　2. 将考生文件夹下"VOTUNA"文件夹中的文件"BOYABLE.DOC"复制到同一文件夹下，并命名为"SYAD.DOC"。

3. 在考生文件夹下"SHEART"文件夹中新建一个文件夹"RESTICK"。

4. 将考生文件夹下"BENA"文件夹中的文件"PRODUCT.WRI"的隐藏和只读属性撤销,并设置为存档属性。

5. 将考生文件夹下"HWAST"文件夹中的文件"XIAN.FPT"命名为"YANG.FPT"。

三、字处理

1. 在考生文件夹下,打开文档"Word1.docx",按照要求完成下列操作并以该文件名(Word1.docx)保存文档。

【文档开始】

声明科学是中国发展的机遇

新华网北京 10 月 28 日电 在可预见的未来,信息技术和声明科学将是世界科技中最活跃的两个领域,两者在未来有交叉融合的趋势。两者相比,方兴未艾的声明科学对于像中国这样的发展中国家而言机遇更大一些。这是正在这里访问的英国《自然》杂志主编菲利普·坎贝尔博士在接受新华社记者采访时说的话。

坎贝尔博士就世界科技发展趋势发表看法说,从更广的视野看,声明科学处于刚刚起步阶段,人类基因组图谱刚刚绘制成功,转基因技术和克隆技术也刚刚取得实质性突破,因而在这一领域存在大量的课题,世界各国在这一领域的研究水平相差并不悬殊,这对于像中国这样有一定科研基础的发展中国家而言,意味着巨大的机遇。

他认为,从原则上说,未来对声明科学的研究方法应当是西方科学方法与中国古代科学方法的结合,中国古代科学方法重视从宏观、整体、系统角度研究问题,其代表是中医的研究方法,这种方法值得进一步研究和学习。

【文档结束】

(1)将文中所有错词"声明科学"替换为"生命科学";页面纸张大小设置为 B5(ISO)("17.6 厘米 ×25 厘米")。

(2)将标题段文字("生命科学是中国发展的机遇")设置为红色三号仿宋、居中、加粗、并添加双波浪下划线。

(3)将正文各段落("新华网北京……进一步研究和学习。")设置为首行缩进 2 字符,行距 18 磅,段前间距 1 行。将正文第三段("他认为……进一步研究和学习。")分为等宽的两栏、栏宽为 15 字符、栏间加分隔线。

2. 在考生文件夹下,打开文档"Word2.docx",按照要求完成下列操作并以该文件名(Word2.docx)保存文档。

【文档开始】

全国部分城市天气预报

城市	天气	高温(℃)	低温(℃)
哈尔滨	阵雪	1	−7
乌鲁木齐	阴	3	−3

武汉	小雨	17	13
成都	多云	20	16
上海	小雨	19	14
海口	多云	30	24

【文档结束】

(1)将文中后7行文字转换为一个7行4列的表格,设置表格居中、表格中的文字水平居中;并按"低温(℃)"列降序排列表格内容。

(2)设置表格列宽为2.6厘米、行高0.5厘米、所有表格框线为1磅红色单实线,为表格第一列添加浅绿色(标准色)底纹。

四、电子表格

1.在考生文件夹下打开"Excel.xlsx"件:

(1)将Sheet1工作表的"A1:E1"单元格合并为一个单元格,内容水平居中;计算"销售额"列的内容(数值型,保留小数点后0位),计算各产品的总销售额并置于D13单元格内;计算各产品销售额占总销售额的比例并置于"所占百分比"列(百分比型,保留小数点后1位);将"A1:E13"数据区域设置为套用表格格式"表样式中等深浅4"。

(2)选取"产品型号"列(A3:A12)和"所占百分比"列(E3:E12)数据区域的内容建立"分离型三维饼图",图表标题为"销售情况统计图",图例位于底部;将图插入到表"A15:E30"单元格区域,将工作表命名为"销售情况统计表",保存"Excel.xlsx"文件。

2.打开工作簿文件"exc.xlsx",对工作表"产品销售情况表"内数据清单的内容按主要关键字"分公司"的降序次序和次要关键字"季度"的升序次序进行排序,对排序后的数据进行高级筛选(在数据清单前插入四行,条件区域设在"A1:G3"单元格区域,请在对应字段列内输入条件,条件为:产品名称为"空调"或"电视"且销售额排名在前20名),工作表名不变,保存"exc.xlsx"工作簿。

五、演示文稿

打开考生文件夹下的演示文稿"yswg.pptx",按照下列要求完成对此文稿的修饰并保存。

1.使用"都市"主题修饰全文。

2.将第二张幻灯片版式改为"两栏内容",标题为"项目计划过程"。将第四张幻灯片左侧图片移到第二张幻灯片右侧内容区,并插入备注内容"细节将另行介绍"。将第一张幻灯片版式改为"比较",将第四张幻灯片左侧图片移到第一张幻灯片右侧内容区,图片动画设置为"进入""基本旋转",文字动画设置为"进入""浮入",且动画开始的选项为"上一动画之后"并移动该幻灯片到最后。删除第二张幻灯片原来标题文字,并将版式改为"空白",在水平为6.67厘米,自左上角,垂直为8.24厘米,自左上角的位置外插入样式为"渐变填充-橙色,强调文字颜色4,映像"的艺术字"个体软件过程",文字效果为"转换-弯曲-波形1"。并移动该幻灯片使之成为第一张幻灯片。删除第三张幻灯片。

参考答案

全国计算机等级考试一级 MS Office 考试(样题)参考答案

一、选择题:

1–5: CBBAD   11–15: ABDDB

6–10: ACDBC   16–20: BDBAB

全国计算机等级考试一级 MS Office 仿真试题(一)参考答案

一、选择题:

1–5: DAADC   6–10: ABDCC

全国计算机等级考试一级 MS Office 仿真试题(二)参考答案

一、选择题:

1–5: BBCCB   6–10: BABBB

全国计算机等级考试一级 MS Office 仿真试题(三)参考答案

一、选择题:

1–5: DAAAD   6–10: DBDBB

全国计算机等级考试一级 MS Office 仿真试题(四)参考答案

一、选择题:

1–5: AACBB   6–10: AACDB

全国计算机等级考试一级 MS Office 仿真试题(五)参考答案

一、选择题:

1–5: BBDBC   6–10: DCBBC

全国计算机等级考试一级 MS Office 仿真试题(六)参考答案

一、选择题:

1–5: ACABA   6–10: AADDC

参 考 文 献

[1] 刘相滨 . 大学计算机基础:应用操作指导[M].北京:北京大学出版社,2019.

[2] 蒋加伏,沈岳 . 大学计算机实践教程 [M].4 版 . 北京:北京邮电大学出版社,2013.

[3] 董卫军,耿国华,邢为民 , 等 . 大学计算机基础实践指导 [M].2 版 . 北京:高等教育出版社,2013.

[4] 杨旭,林俊喜 . 计算机应用基础与实践:Windows 7+Office 2010[M].北京:北京时代华文书局,2014.

[5] 李志,王卫华,贾玲 , 等 . 大学计算机基础实践指导[M].北京:清华大学出版社,2012.

[6] 神龙工作室,王作鹏 . Office 2010办公应用从入门到精通[M].北京:人民邮电出版社,2013.

图书在版编目(CIP)数据

大学计算机基础与应用实验教程/刘军,颜源,钟毅主编. —北京:北京大学出版社,2019.9
ISBN 978-7-301-30677-2

Ⅰ.①大… Ⅱ.①刘… ②颜… ③钟… Ⅲ.①电子计算机—高等学校—教材 Ⅳ.①TP3

中国版本图书馆 CIP 数据核字(2019)第 181048 号

书　　　名	大学计算机基础与应用实验教程	
	DAXUE JISUANJI JICHU YU YINGYONG SHIYAN JIAOCHENG	
著作责任者	刘　军　颜　源　钟　毅　主编	
责 任 编 辑	王　华	
标 准 书 号	ISBN 978-7-301-30677-2	
出 版 发 行	北京大学出版社	
地　　　址	北京市海淀区成府路 205 号　100871	
网　　　址	http://www.pup.cn	
电 子 信 箱	zpup@pup.cn	
新 浪 微 博	@北京大学出版社	
电　　　话	邮购部 010-62752015　发行部 010-62750672　编辑部 010-62765014	
印 刷 者	长沙超峰印刷有限公司	
经 销 者	新华书店	
	787 毫米×1092 毫米　16 开本　8.25 印张　201 千字	
	2019 年 9 月第 1 版　2019 年 9 月第 1 次印刷	
定　　　价	29.00 元	